Das große Buch der

Insekten

Das große Buch der Insekten

Rod & Ken Preston-Mafham

monte von DUMONT

Danksagung

Der Verlag dankt folgenden Fotografen und Bildagenturen für die Bereitstellung ihres Bildmaterials:
Rupert Barrington/© Wild Images/RSPCA Photolibrary, © Rod Preston-Mafham/Premaphotos Wildlife, © Geoff du Feu/RSPCA Photolibrary, © Jean Preston-Mafham/Premaphotos Wildlife, © Ken Preston-Mafham/Premaphotos Wildlife, © Jonathan Plant/RSPCA Photolibrary, © Ross Hoddinott/RSPCA Photolibrary, © Les Borg/RSPCA Photolibrary, © Mark Preston-Mafham/Premaphotos Wildlife, Philip Sharpe/© Wild Images/RSPCA Photolibrary, Robert Pratley/© Wild Images/RSPCA Photolibrary, Sue Bennett/© Wild Images/RSPCA Photolibrary, George McCarthy/© Wild Images/RSPCA Photolibrary, Martin Dohrn/© Wild Images/RSPCA Photolibrary, © David Cantrille/RSPCA Photolibrary, © Duncan I McEwan/RSPCA Photolibrary, © Des Cartwright/RSPCA Photolibrary, © Ron Brown/Premaphotos Wildlife, Tim Martin/© Wild Images/RSPCA Photolibrary, © D W Bevan/RSPCA Photolibrary, David Breed/© Wild Images/RSPCA Photolibrary, © E A Janes/RSPCA Photolibrary, Papilio/Robert Pickett, © Phil Bryson/RSPCA Photolibrary, Angela Bird/© Wild Images/RSPCA Photolibrary, John M Gardner/ © Wild Images/RSPCA Photolibrary, © Colin Carver/RSPCA Photolibrary, © Stuart Harrop/RSPCA Photolibrary, © Van Greaves/RSPCA Photolibrary, © Dorothy Burrows/RSPCA Photolibrary, John Downer/© Wild Images/RSPCA Photolibrary, © Mark Hamblin/RSPCA Photolibrary.

CIP – Deutsche Einheitsaufnahme
Das große Buch der Insekten / Rod & Ken Preston-Mafham.
[Aus dem Engl. übertragen von: Nina Thelen, Andrea Honecker und Alexandra Bootz].
– Köln : DuMont, 2000
(Monte von DuMont)
Einheitssacht.: The natural world of bugs & insects <dt.>
ISBN 3-7701-8590-0

Erstveröffentlichung durch PRC Publishing Ltd.,
Kiln House, 210 New Kings Road,
London SW 6 4NZ

Aus dem Englischen übertragen von: Nina Thelen, Andrea Honecker und Alexandra Bootz
Redaktionelle Betreuung: Susanne Pütz, Bonn
Gesamtherstellung: Appl, Wemding

Printed in Germany
ISBN 3-7701-8590-0

INHALT

Einführung

Das vorliegende Buch eröffnet einen faszinierenden Einblick in die große Welt der Insekten mit ihrem unschätzbaren Artenreichtum. Vorgestellt werden dabei nicht nur so bekannte Tierordnungen wie Käfer, Fliegen, Schmetterlinge, Libellen oder Ameisen, sondern auch einige andere ›Krabbeltiere‹, die – entgegen landläufiger Meinung – keine Insekten sind, darunter Tausend- und Hundertfüßer, Spinnen, Skorpione und Milben.

Wie viele Arten solcher Tiere auf der Erde existieren, ist nicht bekannt. Ihre Zahl wird derzeit auf zwei bis drei Millionen geschätzt. Hunderttausende sind bereits identifiziert und benannt, doch in den Museen und Forschungseinrichtungen rund um den Globus warten noch tausende Arten auf einen Namen – und wahrscheinlich mindestens ebenso viele in freier Wildbahn auf ihre Entdeckung.

Alle in diesem Buch behandelten Tiere gehören zum Stamm der Gliederfüßer (Arthropoda). Gemeinsam sind ihnen allen ein äußeres Skelett, Hautpanzer genannt, sowie ein Körper, der aus mehreren Segmenten zusammengesetzt ist. Die Zahl dieser Glieder variiert je nach Tierklasse und Ordnung. Fossilienfunde lassen darauf schließen, dass

links Unzählige Gliederfüßer bevölkern die Erde. Hier schwebt eine dichte Wolke aus Millionen von Büschelmücken über dem Victoriasee in Afrika.

rechts *Haplophilus subterraneus*, einer der in den oberen Bodenschichten lebenden Hundertfüßer. England.

sich vor ca. 500 bis 600 Millionen Jahren erste primitive Gliederfüßer aus wurmähnlichen Weichtieren entwickelt haben. Diese ersten Arthropoda lebten noch im Wasser. Auf dem Land tauchten die ersten Vorfahren der Insekten, die Tausendfüßer und die Spinnen, vor etwa 350 bis 400 Millionen Jahren auf. Zu den ersten ›richtigen‹ Insekten gehörten die Libellen und schabenartige Tiere. Heute gibt es auf der Erde schätzungsweise 750 000 Insektenarten.

Hundertfüßer und Tausendfüßer (Myriapoda)

Alle Mitglieder der Klasse Myriapoda haben einen vielgliedrigen, lang gestreckten Rumpf. Hundertfüßer, von denen weltweit mehr als 1500 Arten bekannt sind, besitzen an jedem Körperglied ein Beinpaar, während Tausendfüßer – sie umfassen etwa 8000 beschriebene Arten – an jedem Körperglied zwei Beinpaare haben. Myriapoda sind in der Regel nachtaktiv. Mit ihren schwach entwickelten Augen können sie zwar Nacht und Tag unterscheiden, jedoch keine klaren Umrisse erkennen.

Hundertfüßer ernähren sich räuberisch von anderen Gliederfüßern. Sie sind mit kräftigen Kiefern ausgestattet, und das Beinpaar am ersten Rumpfglied ist zu Gifthaken umgebildet, mit denen sie ihre Beute lähmen. Die meisten Arten verfügen über vergleichsweise lange Beine und sind flinke Jäger. Sie leben unter Steinen, Rinden oder in der Bodenstreu und jagen für gewöhnlich nachts. Eine Gruppe der Hundertfüßer besitzt kurze Beine, einen langen dünnen Körper und jagt ihre Beute unterirdisch in Wurmlöchern.

ganz oben links Ein zur Verteidigung eingerollter Tausendfüßer. Kanada.

oben links Ein Tausendfüßer der Gattung *Lophostreptus* hat sich in der kenianischen Savanne zur Verteidigung eingerollt.

links *Pararhachistus potosinus,* ein Bandfüßer in Warnfärbung in einem Kiefernwald in Mexiko.

rechts oben Ein Riesentausendfüßer der Gattung *Spirostreptus* in Warntracht, im Regenwald Madagaskars.

rechts unten Der warnend gefärbte Tausendfüßer *Sigmoria aberrans* in einem Wald in Tennessee, USA.

Tausendfüßer besitzen sehr viel kürzere Beine und laufen daher nur langsam. Ihre Nahrung besteht aus abgestorbenen Pflanzenteilen. Zur Abwehr von Feinden sondern sie unangenehme Sekrete ab und tragen häufig Warnfarben. Schnurfüßer rollen sich bei Bedrohung zu einer Spirale zusammen, und Saftkugler oder Riesenkugler schützen ihre empfindliche Unterseite, indem sie ihren Körper zu einer Kugel formen. Bandfüßer besitzen einen flachen Körper, der ihnen die schnelle Flucht in kleinste Ritzen ermöglicht.

ganz oben links Ein Riesenkugler der Gattung *Sphaerotherium* weidet auf vermodertem Holz. Madagaskar.

ganz oben rechts Der Riesenkugler *Sphaerotherium spec.* rollt sich zur Abwehr von Feinden zu einer Kugel. Madagaskar.

oben Dieser Hundertfüßer, ein Riesenläufer der Art *Scolopendra cingulata*, kam beim Umdrehen eines Steins zum Vorschein. Spanien.

Die Insekten

Biologen unterscheiden in der Klasse der Insekten (auch Kerbtiere genannt) derzeit 32 verschiedene Ordnungen. Alle Insekten haben einen dreiteiligen Körper, der aus Kopf (Caput), Bruststück (Thorax) und Hinterleib (Abdomen) besteht.

Am Kopf befinden sich die Facettenaugen oder – in einigen Fällen – kleinere, lichtempfindliche Strukturen, die Ocellen oder Punktaugen genannt werden, ein Paar Fühler, die Kiefer und die Taster oder Palpen (verkürzte Taster). Am Bruststück sitzen die drei Laufbeinpaare und – außer bei sehr primitiven Insekten – zwei Flügelpaare. Im Hinterleib, der aus elf Segmenten besteht, liegen die inneren Organe. An seinem hinteren Ende befinden sich außerdem die verschiedenen Fortpflanzungsorgane. Die Anordnung dieser grundlegenden Elemente bestimmt die Ordnung, zu der jedes einzelne Tier gerechnet wird.

Eintagsfliegen (Ephemeroptera)

Die geschlechtsreifen Eintagsfliegen sind Fluginsekten, deren Entwicklung mit Ausnahme einer einzigen Art im Wasser erfolgt. Charakteristische Merkmale sind die senkrechte Haltung der zwei häutigen Flügelpaare und die zwei oder drei langen, fadenförmigen Anhänge am Ende des Hinterleibs. Beißwerkzeuge sind zwar vorhanden, bleiben bei den Imagines jedoch ungenutzt, da diese keine Nahrung aufnehmen. Die Vorderflügel sind größer als die Hinterflügel, und das Männchen besitzt verlängerte Vorderbeine, mit denen es sich beim Paarungsflug am Weibchen festklammert. Bislang kennt man etwa 2000 unterschiedliche Eintagsfliegen-Arten.

oben links Eine frisch geschlüpfte Imago der Eintagsfliege *Ephemera danica* neben ihrer alten, abgestreiften Haut. England.

oben rechts Die Eintagsfliege *Hexagena limbata* an einem See. USA.

Libellen (Odonata)

Bislang sind etwa 5000 Libellenarten beschrieben worden, und sie alle leben räuberisch. Die aktiven Jäger schnappen ihre Beute entweder aus der Luft oder von Pflanzen und anderen Objekten herunter. Libellen besitzen einen äußerst beweglichen Kopf, große Augen, mit denen sie die Bewegungen ihrer Beute exakt wahrnehmen, und eine hervorschnellbare Fangmaske. Die in der Regel größeren und schwereren Großlibellen sind relativ leicht von den Kleinlibellen zu unterscheiden – auch wenn die größte lebende Libellenart eine so genannte Kleinlibelle ist.

Großlibellen sind die besseren Flugkünstler. Während bei den Kleinlibellen beide Flügelpaare in Form und Größe nahezu identisch sind, besitzen ihre größeren Verwandten verbreiterte Hinterflügel. In den Ruhephasen stehen die Flügel der Großlibellen im rechten Winkel seitlich vom Körper ab, Kleinlibellen halten dagegen ihre Flügel meist geschlossen über dem Körper. Die Teichjungfern gehören zwar zu den Kleinlibellen, spreizen ihre Flügel jedoch auch oft nach Art der Großlibellen zur Seite ab. Die Großlibellen sind in verschiedene Familien unterteilt und haben oft bildhafte Namen wie Teufelsnadel oder Plattbauch.

rechts Eine männliche *Libellula auripennis* in Ruhestellung im Okefenokee-Sumpfgebiet, USA.

unten Eine männliche Adonislibelle (*Pyrrhosoma nymphula*). Deutschland.

ganz links Eine Kleinlibelle der Gattung *Chlorolestes* an einem Bergbach in Südafrika.

links Das Männchen der Kleinlibelle *Argia apicalis* sitzt an einem Teich. USA.

unten Eine männliche Blaugrüne Mosaikjungfer (*Aeschna cyanea*) gönnt sich an einem Teich eine Pause zwischen den Kontrollflügen durch ihr Revier. Deutschland.

großes Bild Ein männlicher Plattbauch (*Libellula depressa*). England.

kleines Bild links Das Weibchen einer Vierflecklibelle (*Libellula quadrimaculata*). Deutschland.

kleines Bild unten Eine weibliche *Libellula pulchella* sitzt auf einem Zweig an einem See in Idaho, USA.

Feldheuschrecken, Grillen und Laubheuschrecken (Orthoptera)

Mit weltweit rund 20 000 Arten bilden die Orthoptera oder Geradflügler eine der größeren Insektengruppen. Sie teilen sich in zwei Unterordnungen: Zur einen gehören die Feldheuschrecken (Kurzfühlerschrecken), zur anderen die Grillen und Laubheuschrecken (Langfühlerschrecken). Die meisten besitzen ausgeprägte Hinterbeine zum Springen, große Augen und Beißwerkzeuge. Beide Flügelpaare werden zum Fliegen genutzt, wobei die vorderen lederartig und die hinteren häutig sind. Feldheuschrecken besitzen vergleichsweise kurze Fühler und Legeapparate und sind tagaktiv, Laubheuschrecken und Grillen haben dagegen lange dünne Fühler, einen langen Legestachel und sind eher nachtaktiv.

Viele Feldheuschrecken sind auffallend gefärbt. Wenn sie gestört werden, springen sie große Distanzen oder fliegen fort; bei einigen Gebirgsbewohnern sind die Flügel jedoch zurückgebildet. Zu den Feldheuschrecken zählen sowohl die einheimischen Grashüpfer als auch die gefürchteten Wanderheuschrecken.

Laubheuschrecken und Grillen sind in der Regel unauffälliger gefärbt, häufig auch getarnt, und können nicht sonderlich gut springen. Während Laubheuschrecken recht gut fliegen können, flüchten viele Grillenarten bei Gefahr lieber mit Hilfe ihrer sechs Beine. Eine Besonderheit vieler Orthoptera ist die Fähigkeit der Männchen, Geräusche zu erzeugen, um ein Weibchen anzulocken. Eine hoch spezialisierte Familie bilden die Maulwurfsgrillen, die auf den ersten Blick wirklich manchmal wie kleine Maulwürfe aussehen. Ihre Vorderbeine sind zu kräftigen Grabschaufeln umgebildet. Sie leben unter der Erde und ernähren sich von Wurzeln.

großes Bild Die Feldheuschrecke *Melanoplus differentialis* ist in den USA weit verbreitet.

kleines Bild oben *Kraussaria dius*, eine Feldheuschrecke aus dem Sokoke-Wald in Kenia.

kleines Bild unten Die Laubheuschrecke *Pterophylla camellifolia* gleicht einem grünen Blatt. USA.

ganz oben *Erucius apicalis* in Warntracht im Regenwald von Sumatra.

oben Die tropische Laubheuschrecke *Cnemidophyllum stridulans* sieht einem Blatt sehr ähnlich. Peru.

rechts Auf einem Baum in Kenia sitzt ein Männchen der Grillenart *Phaephilacris spectrum*. Es besitzt extrem lange Fühler.

ganz rechts oben Diese Laubheuschrecke in Warntracht, *Poecilogramma stratifemur*, putzt gerade ihr Hinterbein. Kenia.

ganz rechts unten Bei dieser weiblichen Laubheuschrecke, einer flügellosen *Saga sp.*, ist der charakteristische lange Legeapparat gut zu erkennen. Korfu.

oben links Ein leuchtend gefärbtes Grillenmännchen der Gattung *Nisitrus* im Regenwald von Borneo.

oben rechts Diese winzige Laubheuschrecke ist ein Weibchen der Art *Phyllopalpus pulchellus*. USA.

rechts Paarung auf einem Baumstamm im malaysischen Regenwald.

unten Ein Maulwurfsgrillen-Weibchen der Gattung *Gryllotalpa*. Kenia.

Stabheuschrecken und Wandelnde Blätter (Phasmatodea)

Obwohl Stabheuschrecken (auch Gespenstschrecken genannt) keine besonders artenreiche Ordnung darstellen und in der Natur nur schwer zu entdecken sind, kennen die meisten diese skurrilen Insekten. Die Tiere besitzen für gewöhnlich einen lang gestreckten schmalen Körper, lange dünne Beine und sehen kleinen Zweigen zum Verwechseln ähnlich. Ihre Fühler sind lang und dünn, und die Facettenaugen eher klein. Mit Hilfe ihrer beißenden Mundwerkzeuge ernähren sie sich von Blättern. Die Flügel des Männchens sind in der Regel gut entwickelt, während sie beim Weibchen oft fehlen. Die Tiere sind vorwiegend nachtaktiv; tagsüber hängen oder liegen sie reglos inmitten ihrer Futterpflanzen und sind durch nichts von kleinen Ästen oder Stöckchen zu unterscheiden.

Verglichen mit den lang gestreckten Stabheuschrecken sind Wandelnde Blätter breit und kurz. Die grünen Exemplare sehen frischen, die braunen verwelkten Blättern täuschend ähnlich. In ihrer Lebensweise gleichen sie den Stabheuschrecken.

unten links Stabheuschrecken der Art *Ctenomorphodes tessulatus* bei der Paarung im australischen Eukalyptuswald. Das kleinere Tier ist das Männchen.

unten rechts Ein Männchen der Stabheuschrecke *Stratoctes forcipatus* in typischer Ruhehaltung auf einem Blatt im peruanischen Wald.

rechts Dank ihrer perfekten Tarnung ist die im Regenwald Madagaskars lebende Stabheuschrecke *Circia spec.* zwischen Blättern und Moos kaum auszumachen.

unten Die Imago des Wandelnden Blattes (*Phyllium spec.*) im Regenwald von Neu Guinea.

Ohrwürmer (Dermaptera)

Mit rund 1200 Arten bilden die Ohrwürmer eine verhältnismäßig kleine Ordnung, doch aufgrund ihres hohen Bekanntheitsgrades und ihrer interessanten Lebensweise verdienen auch sie es, hier beschrieben zu werden. Die auffälligsten Merkmale dieser Tiere sind die ›Kneifzangen‹ (Cerci) am Ende des Hinterleibs sowie die kurzen, lederartigen Vorderflügel, unter denen sich die zum Fliegen genutzten Hinterflügel verbergen. Ohrwürmer sind Aasfresser und vertilgen mit ihren kräftigen Kiefern alles Essbare, was sie finden können. Die Weibchen sind fürsorgliche Mütter, die schädliche Pilze von ihren Eiern fern halten und sich in den ersten Tagen intensiv um ihren Nachwuchs kümmern. Ihren Namen verdanken die Ohrwürmer der Legende, sie würden sich in den Ohren schlafender Menschen niederlassen. Heute wissen wir jedoch, dass es sich bei solchen Vorkommnissen bloß um seltene Zufälle handelt.

unten Ein Sandohrwurm *(Labidura riparia)* in der Wüste von Arizona, USA.

ganz unten Der Ohrwurm *Doru lineare* ist ein recht hübsches Tier. USA.

Termiten (Isoptera)

Die äußerlich unscheinbaren Insekten zeichnen sich durch eine hochinteressante Lebensweise und beachtliche architektonische Fähigkeiten aus. Die meisten der rund 2300 Arten leben in den tropischen Gebieten, einige aber auch in warm-gemäßigten Regionen. Die Grundform der Termite besitzt kauende Mundteile, relativ lange Fühler und kleine Facettenaugen, die bei einigen Arten auch fehlen können. Die Termiten sind wie Bienen oder Ameisen Staaten bildende Insekten; das Kastensystem gliedert sich in Arbeiter, Soldaten und Geschlechtstiere. Die Soldaten besitzen als Verteidiger der Kolonie häufig bizarr ausgeformte Köpfe. Die geflügelten männlichen und weiblichen Geschlechtstiere (König und Königin) schwärmen zur Paarung aus, um neue Kolonien zu gründen. Einige Termitenarten leben in vermodertem Holz, andere bauen riesige komplexe Hügel, die das Bild vieler afrikanischer Ebenen prägen. Der überirdische Teil solcher Bauten dient als Belüftungssystem und reguliert die Temperatur in den größtenteils unterirdischen Wohnbereichen.

Im Darm der pflanzenfressenden Termiten leben zellulosespaltende Mikroorganismen, die die Verwertung der häufig nur schwer verdaulichen Nahrung unterstützen. Eine Termitenfamilie (Macrotermitinen) kultiviert in ihrem Nest Pilzgärten und ernährt sich von den gezüchteten Pilzen statt direkt von gesammelten Pflanzenteilen.

oben Großköpfige *Macrotermes spec.*-Soldaten bewachen Arbeiter bei der Ernte verwelkter Blätter. Malaysia.

unten Der überirdische Teil eines Hügelnestes der Termitenart *Nasutitermes triodiae* im australischen Eukalyptuswald.

Schaben (Blattodea)

Würden sich nicht einige wenige der rund 3500 beschriebenen Schabenarten als Schädlinge den Lebensraum mit uns teilen, ahnten viele Menschen wahrscheinlich nicht einmal etwas von der Existenz dieser Insekten. In der Wildnis leben die meisten Schaben in der Vegetation oder der Bodenstreu verborgen, einige haben sich auch an ein unterirdisches Leben in Höhlen angepasst. Die Tiere besitzen lange, empfindliche Fühler, relativ große Facettenaugen und kräftige Kiefer, mit denen sie nahezu alles Essbare vertilgen. Einige Arten ernähren sich sogar von Holz, das sie, wie Termiten, mit Hilfe zellulosespaltender Organismen in ihrem Darm verdauen. Auf ihren langen Beinen sind Schaben flinke Läufer. Das obere Bruststück wird von einem ausgeprägten Halsschild bedeckt, und die häutigen Hinterflügel liegen unter lederartigen, pigmentierten Vorderflügeln. Für den Uneingeweihten sehen sie wie Käfer aus, von denen sie jedoch leicht zu unterscheiden sind: Die Vorderflügel der Schabe überlappen sich in der Mitte des Körpers, während die eines Käfers sich genau in der Mitte treffen. Die Weibchen sind häufig flügellos.

oben Eine kleine Schabe frisst an einer Frucht in der mexikanischen Wüste.

unten *Elliptorhina javanica,* eine Großschabe, auf ihrer nächtlichen Nahrungssuche im tropischen Trockenwald in Madagaskar.

oben Das Weibchen der Fangschrecke *Parasphendale agrionina* verspeist eine frisch gefangene Raubwanze. Kenia.

links Das Weibchen der Fangschrecke *Acontista spec.* lauert darauf, dass sich ein Beutetier auf der Blüte im Regenwald niederlässt. Trinidad.

Fangschrecken (Mantodea)

Fangschrecken haben wohl die bizarrsten ›Gesichter‹ der Insektenwelt. Mit ihrem dreieckigen Kopf und den riesigen Facettenaugen, mit denen sie die Bewegungen ihrer Beute präzise wahrnehmen, kommen sie unserer Vorstellung von außerirdischen Wesen recht nahe. Die europäische Vertreterin der Fangschrecken, die Gottesanbeterin, verdankt ihren Namen der erhobenen, ›betenden‹ Haltung ihrer zu Fangarmen entwickelten Vorderbeine. Lange Dornen an der Unterseite der Fangarme halten die zappelnde Beute fest, bis die ersten tödlichen Bisse verabreicht sind. Fangschrecken besitzen keine besonders ausgeprägten Kiefer zum Beißen, sie knabbern eher an ihrer Beute und verzehren dabei den Kopf zuerst. Die meisten Arten verschmelzen durch eine grüne oder braune Färbung optisch mit der Umgebung. Einige ähneln Zweigen oder Blättern, andere ahmen mit leuchtenden Farben bestimmte Blüten nach. Fangschrecken sind hauptsächlich in tropischen Regionen verbreitet und bilden mit knapp 2000 bekannten Arten eine relativ kleine Insektenordnung.

unten Eine kleine *Tithrone spec.*-Fangschrecke verspeist einen Dickkopffalter. Trinidad.

ganz unten Diese als grünes Blatt getarnte Fangschrecke lauert auf vorüberfliegende Beute. Südamerika.

rechts Die Gottesanbeterin (*Mantis religiosa*) in typischer Lauerstellung.

oben Einige Fangschrecken, wie diese männliche *Acanthops falcataria,* sehen verwelkten Blättern täuschend ähnlich. Brasilien.

unten Die Vorderbeine der weiblichen *Polyspilota aeruginosa* formen eine Falle, die jederzeit zuschnappen kann.

rechts Auf der Baumrinde, ihrem natürlichen Lebensraum, ist die Fangschrecke der Art *Humbertiella ceylonica* perfekt getarnt. Indien.

ganz rechts Die Nymphe der Art *Polyspilota aeruginosa* versucht in ihrer Verteidigungsstellung möglichst furchterregend zu erscheinen. Madagaskar.

Wanzen und Pflanzensauger (Hemiptera)

Wanzen und Pflanzensauger besitzen im Gegensatz zu den hier bisher vorgestellten Insekten keine kauenden, sondern stechend-saugende Mundteile. Beide Insektenordnungen haben an der Unterseite des Kopfes einen Saugrüssel, der sich aus den ursprünglichen Kiefern entwickelt hat. Zur Nahrungsaufnahme stechen sie diesen Rüssel in andere Tiere oder Pflanzen. Bei den rein vegetarischen Pflanzensaugern (Ordnung: Homoptera) ragt der Saugrüssel ständig aus dem Kopf hervor. Dagegen können die Wanzen (Ordnung: Heteroptera), zu denen sowohl Pflanzenfresser als auch Räuber zählen, ihren Rüssel während der Ruhephasen unter den Körper zurückklappen. Ein weiteres Unterscheidungsmerkmal ist die Flügelhaltung. Zwar besitzen sowohl Wanzen als auch Pflanzensauger je zwei Flügelpaare, wobei die derberen und häufig leuchtend pigmentierten Vorderflügel die häutigen hinteren Flugorgane schützen, doch Pflanzensauger halten ihre Vorderflügel dabei dachartig über dem Körper, während Wanzen die Vorderflügel flach und überlappend auf den zusammengefalteten hinteren Flügeln tragen.

Wanzen teilen sich in mehrere Familien, die ihren Namen oft ihrer spezifischen Form oder Lebensweise verdanken: Schild- oder Stinkwanzen besitzen zum Beispiel einen breiten, abgeflachten Körper, und viele von ihnen wehren Angreifer durch einen üblen Geruch aus speziellen ›Stinkdrüsen‹ ab. Raubwanzen sind geschickte, verstohlene Jäger, die andere Gliederfüßer erbeuten. Lederwanzen besitzen blattähnlich vergrößerte und meist abgeflachte hintere Schenkel. Betten gehören zu den bevorzugten Jagdgründen der Blut saugenden Bettwanze, und Stelzenwanzen sind schlanke Tiere auf langen, dünnen Beinen. Rund 40 000 Wanzenarten unterscheidet man heute, bei den Pflanzensaugern sind sogar rund 46 000 Arten bekannt. Dazu zählen beispielsweise die bekannten Blattläuse, die zirpenden Singzikaden, Buckelzirpen und Schaumzikaden sowie die bizarren Laternenträger mit ihren absonderlichen Kopfformen.

oben Zwei geschlechtsreife Schildwanzen der Art *Arvelius albopunctatus* sitzen gut getarnt auf ihrer Futterpflanze. Mexiko.

unten Die Schildwanze *Agonoscelis rutila* in Warntracht. Australien.

rechts Imago und Nymphen der Schildwanze *Lyramorpha spec.* Neu Guinea.

ganz rechts Die Schildwanze *Catacanthus spec.* im Regenwald. Sulawesi.

ganz oben Das bizarr gehörnte Männchen der Schildwanze *Ceratocoris cephalicus* im ugandischen Regenwald.

oben Mitte Bei dieser Raubwanze der Art *Epidaus latispinus* im malaysischen Regenwald ist der gebogene Saugrüssel, den sie in ihre Beute stößt, deutlich zu erkennen.

oben Die Raubwanze *Ricolla quadrispinosa*, ein Regenwaldbewohner, besitzt einen stacheligen Thorax. Peru.

ganz oben Die Schildwanze *Callidea spec.* in Warnfarben. Gambia.

oben Mitte Die große Raubwanze *Platymeris rhadamanthus* verströmt einen widerwärtigen Geruch, sobald sie sich bedroht fühlt. Kenia.

oben *Pachylis pharaonis*, eine Lederwanze mit Warnfärbung, sitzt auf einem Blatt im peruanischen Regenwald.

rechts Auf einer Helikonie in Peru sitzt eine geschlechtsreife Lederwanze der Art *Leptoscelis centralis*.

oben links Eine Imago der Lederwanze *Mictis profana*. Australien.

oben rechts Die prächtige Lederwanze *Paryphyes pontifex* ist ein Regenwaldbewohner. Peru.

links Bevor diese Lederwanzen-Art im Regenwald fotografiert wurde, dürfte der Wissenschaft die Spezies *Acanthocephala* noch unbekannt gewesen sein.

rechts oben Ein Merkmal dieser Lederwanze der Art *Thasus acutangulus* sind die abgeflachten Segmente der Fühler. USA.

rechts unten Das Männchen der Pflanzensauger-Art *Leptoterna dolobrata* sitzt auf einer Grasähre in England.

ganz oben Dieser geschlechtsreife Pflanzensauger der Art *Calocoris roseomaculatus* saugt an einer Kornblume. England.

oben Die Wanze *Mirperus jaculus* sitzt auf den Samenkapseln eines Wandelröschens in Kenia.

rechts Reglos ruht eine Zikade an einem Baum im Regenwald in Borneo.

ganz oben Eine Zwergzikade der Gattung *Tettigoniella* in Ruhestellung auf einem Blatt im kenianischen Regenwald.

oben Die Zwergzikade *Peltocheirus spec.*, hier auf einem Blatt im peruanischen Regenwald, hat bizarr verbreiterte Vorderbeine.

ganz links Ein Männchen der Zikadenart *Macrotristria spec.* auf einem Eukalyptuszweig. Australien.

links Buckelzirpen haben oft sonderbare Körperformen. Dies ist ein *Sphongophorus guerini* auf einer Kletterpflanze in Trinidad.

ganz oben Eine warnend gefärbte Buckelzirpe der Gattung *Anchistrotus* im Regenwald. Peru.

oben Schaumzikaden der Art *Cercopis vulnerata* bei der Paarung. England.

links Dieser Laternenträger ruht an einem Baumstamm im Regenwald Sumatras.

rechts Der Laternenträger aus der Gattung *Pyrops* sitzt an einem Baum im Regenwald in Brunei. Die Funktion der langen ›Nase‹ ist unbekannt.

Käfer (Coleoptera)

Mit über 300 000 bekannten Arten auf der ganzen Erde sind die Käfer wahrscheinlich die populationsreichste Tiergruppe. Trotz dieser immensen Vielfalt liegt allen Käferarten der gleiche Körperbau zugrunde. Die meisten sind mit gut entwickelten Facettenaugen und beißenden Mundwerkzeugen ausgestattet; nur bei einigen Arten haben diese sich zu einem Saugrüssel entwickelt, mit dem sie Blütennektar aufsaugen. Von anderen Insekten unterscheiden sich Käfer durch Bau und Haltung ihrer Flügel. Die Vorderflügel (Elytren) sind hart und pigmentiert; in geschlossenem Zustand treffen sie sich in gerader Linie in der Mitte des Rückens und bedecken die zarten, häutigen Hinterflügel, die als Flugorgane dienen.

Eine so große Zahl unterschiedlicher Käferarten verteilt sich erwartungsgemäß auf zahlreiche verschiedene Familien. Einige davon sind uns sehr vertraut, andere eher unbekannt. Die meisten Laufkäfer sind am Boden lebende Räuber. Die ebenfalls hauptsächlich räuberischen Kurzflügler sind leicht an ihren kurzen Elytren zu erkennen, die den Hinterleib nur teilweise bedecken. Weichkäfer

ganz oben rechts Der schimmernde Puppenräuber *Calosoma scrutator* geht nachts auf Beutesuche. USA.

oben rechts Der Sandlaufkäfer *Cicindela gratiosa* sucht auf Sandhügeln nach Beute. USA.

rechts Sandlaufkäfer, hier ein *Megacephala carolina*, sind häufig schön anzusehen. USA.

unten Ein Kurzflügler fühlt sich bedroht und hebt warnend seinen orangefarbenen Hinterleib. Trinidad.

rechts oben Ein Schnellkäfer mit Augenzeichnung (*Alaus oculatus*) sitzt an einem Stamm im Mischwald. USA.

rechts unten Bei dem auf dem Rücken liegenden Schnellkäfer *Chalcolepidius porcatus* ist der ›Schnellapparat‹ aus Nut und Napfen deutlich zu erkennen. Trinidad.

sind für Räuber ungenießbar und meist leuchtend gefärbt. Schnellkäfer besitzen auf ihrer Unterseite einen komplizierten Mechanismus (eine Art Schnellapparat aus Nut und Feder), der es ihnen ermöglicht, bei Gefahr plötzlich in die Höhe empor zu schnellen. Prachtkäfer verdanken ihren Namen ihrer häufig metallisch-blauen oder -grünen oder sehr leuchtenden Färbung. Die in unseren Regionen so bekannten Marienkäfer sind wichtige Vertilger von Blattläusen. Sie selbst werden nur selten gefressen, da sie bei Gefahr eine übel riechende Flüssigkeit absondern. Wenig genießbar und mit einer Warnfärbung versehen sind einige Ölkäfer, deren Larven sich bei vielen Arten parasitisch von den Larven einzelgängerisch lebender Bienen ernähren. Zur Familie der Blatthornkäfer zählen sowohl die Pflanzen fressenden Maikäfer als auch die Mistkäfer, die im Grasland für eine rasche Verteilung des Dungs von Weidetieren sorgen. Hirschkäfer erkennt man an den geweihähnlichen Mandibeln, die die Männchen vieler Arten besitzen und die sie bei Besitzkämpfen um die Weibchen einsetzen. Die teilweise schädlichen Bockkäfer sind nach den sehr langen, gebogenen Fühlern benannt, die viele Arten vorweisen. Während die Imagines dieser Tiere Pflanzensäfte oder Pollen zu sich nehmen, bohren sich die Larven in totes oder lebendes Holz. Die oft farbenprächtigen Blattkäfer ernähren sich, wie der Name vermuten lässt, hauptsächlich vegetarisch. Zu ihnen gehören unter anderem die Schildkäfer, die bei Gefahr – so wie eine Schildkröte – Kopf und Beine einziehen und Flügeldecken und Halsschild flach an das Blatt drücken. Eine der größten Käferfamilien bilden die Rüsselkäfer. Ihr Kopf ist rüsselartig nach vorne verlängert, mit den Kiefern an der Spitze; bei vielen Arten ist der Körper von einem dichten Schuppenkleid bedeckt.

großes Bild Der Prachtkäfer *Stigmodera simulator* frisst an einer Zylinderputzerblüte. Australien.

kleines Bild links Ein 22-Punkt-Marienkäfer (*Thea vigintiduopunctata*). England.

kleines Bild rechts Ein Siebenpunkt-Marienkäfer (*Coccinella septempunctata*) beim Abflug. Deutschland.

ganz oben links Ein Ölkäfer der Art *Mylabris pustulata* frisst an einer Hibiskusblüte im Regenwald von Sri Lanka.

ganz oben rechts Im Gegensatz zu diesem leuchtenden *Helictopleurus quadripunctatus*, der hier den Kot einer Lemurenart sammelt, sind die meisten Mistkäfer schwarz. Madagaskar.

oben Der hübsche Goldkäfer *Plusiotis gloriosa* aus Arizona ist ein Opfer menschlicher Sammelleidenschaft und daher inzwischen selten geworden. USA.

rechts Der Pinselkäfer *Trichius fasciatus*, ein kleiner Blatthornkäfer, ernährt sich von Blüten. Schweiz.

oben Die Kiefer des Hirschkäfer-Männchens (*Lucanus cervus*) sind für den Kampf ausgebildet.

rechts Der Bockkäfer *Tragocephala variegata* breitet seine Flügel für den Abflug aus. Südafrika.

ganz oben *Protorrhopala sexnotata,* ein Bockkäfer, im Regenwald Madagaskars.

oben links Der Bockkäfer *Tetraopes femoratus* sitzt auf seiner Futterpflanze, einem Schwalbenwurzgewächs. USA.

oben rechts Ein winziger Blattkäfer in Warntracht, *Lema sexpunctata,* in einem Wald in den USA.

rechts Der Blattkäfer *Leptinotarsa juncta* ist eng mit dem Kartoffelkäfer verwandt. Hier sitzt er auf seiner Futterpflanze. USA.

links oben Eine Gruppe leuchtend grüner und blauer Blattkäfer der Art *Chrysolina sp.*

links unten Eine Ansammlung von Schildkäfern der Art *Aspidomorpha deutsa*. Australien.

oben Zwei Schildkäfer-Männchen der Gattung *Aspidomorpha* verfolgen ein Weibchen über ein Blatt im Regenwald von Sulawesi.

rechts Am Kopf des Haselnussbohrers (*Curculio nucum*) ist die für Rüsselkäfer charakteristische Behaarung gut zu erkennen. England.

rechts unten Der Rüsselkäfer *Belorhynus exclamationis* ist ein Regenwaldbewohner. Malaysia.

Pflanzenwespen, Taillenwespen, Bienen und Ameisen (Hymenoptera)

Mit mehr als 120 000 beschriebenen Arten bilden die Hymenoptera oder Hautflügler eine sehr große Ordnung. Bei diesen Insekten sind beide Flügelpaare häutig und liegen während der Ruhephasen flach auf dem Körper. Die Vorderflügel sind immer größer als die Hinterflügel, und im Flug greift eine Reihe von Häkchen am vorderen Rand der Hinterflügel in eine Falte am Hinterrand der Vorderflügel, so dass sich praktisch jeweils eine große Flügelfläche ergibt. Die Imagines besitzen große Facettenaugen und – mit Ausnahme der Bienen, die saugende Mundteile besitzen – beißende Mundwerkzeuge. Bei den Pflanzenwespen (auch Blatt- oder Sägewespen genannt) fehlt die schmale ›Wespentaille‹. Eine Besonderheit ist der Legeapparat dieser Unterordnung: Die Weibchen haben einen sägeartigen Legestachel, mit dem sie zur Eiablage Löcher in pflanzliches Gewebe einschneiden.

Bei einigen Taillenwespen-Familien, wie beispielsweise den Schlupfwespen, leben die Larven parasitisch im Inneren oder an der

links oben Der Rüsselkäfer *Cercidocerus indicator* besitzt ungewöhnlich lange Fühler. Malaysia.

links unten *Cholus simillimus*, ein Rüsselkäfer, auf einem Blatt im peruanischen Regenwald.

ganz oben Das Weibchen der Pflanzenwespe *Tenthredo colon* legt seine Eier in einem Farnwedel ab. England.

oben Mitte Eine Pflanzenwespe der Art *Tenthredo temula* in Warntracht frisst an Blüten einer Boerhavie.

oben Die Puppen einer parasitischen Wespe hängen an der Raupe, in der sie im Larvenstadium als Innenparasiten gelebt haben. Peru.

unten Eine weibliche Gichtwespe der Spezies *Gasteruption assectator* sucht die Felsoberfläche nach Nestern solitärer Wespen ab, in die es mit dem langen Legestachel seine Eier ablegen kann.

ganz unten Das Weibchen einer parasitischen Schlupfwespe putzt auf einem Blatt sitzend seine Hinterbeine. Kenia.

rechts oben Eine parasitische Dolchwespe, *Scolia spec.*, nährt sich an einer Blume in der Wüste von Mexiko.

rechts unten Eine Hummel der Art *Bombus fervidus* sucht auf einer Distelblüte nach Nahrung. USA.

Außenseite anderer Insekten oder Spinnen. Mit ihren teilweise extrem langen Legebohrern orten die Weibchen sogar Wirtstiere, die tief im Holz verborgen leben.

Viele Hautflügler ernähren sich von Nektar, Honigtau oder anderen Pflanzensäften, andere wiederum sind Räuber oder Aasfresser. Die meisten Taillenwespen leben einsiedlerisch. Sie graben sich eine Höhle oder nutzen bereits existierende Löcher, in denen sie für ihre Larven ein Vorratslager aus gelähmten Insekten oder Spinnen anlegen. Andere bauen Nestkammern aus Lehm oder wohnen Staaten bildend in papiernenen Nestern, die aus mit Speichel vermischten Holzsplittern erbaut sind. Auch Bienen, die zur Unterordnung der Wespen gehören, leben vielfach einzelgängerisch; nur einige Arten, darunter die Honigbiene, schließen sich in sozialen Verbänden zusammen. Ameisen wiederum leben ausnahmslos Staaten bildend in Kolonien, deren Größe je nach Art von einigen Dutzend bis zu mehreren hunderttausend Einzeltieren reicht.

links Arbeiterinnen der asiatischen Zwerghonigbiene (*Apis florea*) auf ihrem Nest. Indien.

ganz oben Arbeiterinnen der Weberameise *Oecophylla smaragdina* tragen ihre Beute den Baumstamm hoch in ihr Nest. Malaysia.

oben Eine Ameise der Art *Ectatomma tuberculatum* in charakteristischer Lauerstellung auf einer Pflanze im Regenwald Trinidads.

Schmetterlinge (Lepidoptera)

Schmetterlinge gehören aufgrund ihrer oftmals wunderschönen bunten Musterung zu den beliebtesten Insekten. Derzeit rechnen Wissenschaftler mehr als 150 000 Arten dieser Ordnung zu. Sie alle besitzen gut entwickelte Facettenaugen und einen Saugrüssel, mit dem sie Nektar und andere Flüssigkeiten wie Beerensäfte oder Wasser zu sich nehmen. Die Flügel sind groß und mit federähnlichen pigmentierten Schuppen besetzt, die bei manchen Arten auch den Körper bedecken. Zuweilen sind die Flügel oder Teile der Flügel aber auch unbeschuppt und glasartig durchsichtig, wie zum Beispiel bei den Glasflüglern.

Umgangssprachlich bezeichnen wir für gewöhnlich lediglich die tagaktiven Arten als Schmetterlinge, die nachtaktiven hingegen als Motten. Während Nachtfalter breite, oft fedrige Fühler besitzen, haben Tagfalter lange dünne Fühler mit einer Verdickung an der Spitze. In Ruhestellung liegen die Flügel der Motten dachförmig auf dem Rücken, während die der Schmetterlinge senkrecht über dem

oben Die Nahaufnahme des Flügels eines Morphofalters lässt gut die überlappenden Schuppenreihen erkennen.

unten Der Ritterfalter *Eurytides agesilaus autosilaus* trinkt an einem Fluss im peruanischen Regenwald.

rechts oben *Papilio demodocus,* ein Ritterfalter aus Afrika.

rechts unten *Papilio polytes,* ein Ritterfalter aus Südostasien.

nächste Seiten Der gelbe Ritterfalter *Papilio glaucus* nährt sich am Nektar des Sommerflieders. USA.

Körper stehen und sich oben berühren. Diese Unterscheidungskriterien sind jedoch nur bedingt zutreffend. So gibt es leuchtend gefärbte, tagaktive Mottenarten, die von einem Laien kaum von einem Schmetterling zu unterscheiden sind. Viele Dickkopffalter wiederum erinnern eher an Nachtfalter als an Tagfalter. Darüber hinaus hat sich herausgestellt, dass einige Mottenfamilien enger mit Schmetterlingen verwandt sind als mit anderen Motten. Auch scheinen Tagfalter näher mit den Köcherfliegen verwandt als mit den Nachtfaltern. Da sich jedoch zahlreiche bekannte Falter recht gut mit Hilfe dieser umgangssprachlichen Einteilung als Schmetterling/Tagfalter oder Motte/Nachtfalter bestimmen lassen, wird im folgenden diese Unterscheidung beibehalten.

Zu den Schmetterlingen gehören unter anderem die Weißlinge, die oft auch gelb oder orange sind, die Schwalbenschwänze mit ihren lang gezogenen Flügelenden, die Bläulinge, Zipfelfalter, Feuerfalter und die Braunen Würfelfalter. Die artenreichste Tagfalterfamilie bilden die Flecken- oder Edelfalter (Nymphalidae), die an ihren zu ›Putzpfoten‹ verkürzten Vorderbeinen zu erkennen

ganz oben Ein Brombeerzipfelfalter (*Callophrys rubi*) sitzt gut getarnt zwischen den Blättern. Deutschland.

oben Dieser *Emesis mandana* aus der Familie der Riodiniden wurde in Mexiko entdeckt.

links oben Schmetterlinge können ganz schön haarig sein, wie dieser männliche Hauhechel-Bläuling (*Polyommatus icarus*) beweist. Deutschland.

links unten Dieser Ritterfalter ist eng mit dem Apollofalter verwandt.

sind. Zu ihnen zählen so bekannte Schmetterlinge wie das Tagpfauenauge, der Distelfalter, Admiral, der Kleine Fuchs und das Landkärtchen. Die meisten Wissenschaftler rechnen auch die Dickkopffalter den Schmetterlingen zu, da sie sämtlich tagaktiv sind. Auch besitzen sie die für Tagfalter typischen Verdickungen an den Fühlerspitzen; ihr Körperbau ist jedoch schwerer, und die Flügelhaltung in der Ruhestellung erinnert eher an die von Motten.

Unter den Schwärmern und den Augenfaltern (Saturniidae) finden sich einige der größeren Nachtfalterarten. Die Bärenspinner (Arctiidae) sind häufig stark gemustert und warnend gefärbt. Die Imagines der Spanner (Geometridae) tragen oftmals Tarnfarben, während die Raupen vieler Arten kleine Zweige imitieren. Die Eulenfalter (Noctuidae) bilden die größte Familie innerhalb der Ordnung Lepidoptera. Zu ihnen zählen Arten wie die Hausmutter oder das Schwarze Ordensband. Ein Großteil der Falter, die man nachts um Lichtquellen flattern sieht, sind Mitglieder dieser Familie.

links oben Ein Schwalbenschwanz der Art *Papilio machaon.* Portugal.

links unten Ein *Chalodeta theodora* aus der Familie der Riodiniden an einem Fluss im peruanischen Regenwald.

unten Der Riodinide *Cremna actoris meleagris* sieht auf seinem Blatt im Regenwald wie eine Emailbrosche aus. Peru.

rechts oben *Catuna crithea,* ein Fleckenfalter, auf dem Waldboden. Kenia.

rechts unten Ein *Doxocopa cyane* aus der Familie der Fleckenfalter trinkt vom feuchten Boden des Regenwalds. Peru.

links Der Monarch (*Danaus plexippus*) ist seiner Warntracht. Der nordamerikanische Falter ist ungenießbar.

ganz oben *Acraea caecilia* gehört zu einer übel schmeckenden Unterfamilie der Fleckenfalter. Kenia.

oben Einige Arten der Gattung *Acraea*, so auch der *Acraea quirina*, besitzen teilweise transparente Flügel. Kenia.

oben links Der Augenfalter *Euptychia hestone* zeigt eine Augenzeichnung an der Unterseite der Flügel. Trinidad.

oben rechts *Bicyclus dentatus* mit der für Augenfalter charakteristischen Augenzeichnung an der Flügelunterseite. Kenia.

oben Der Fleckenfalter *Agraulis vanillae* aus der Unterfamilie der Heliconiidae nimmt auf dem Felsen ein Sonnenbad. USA.

rechts In den Tiefen des Regenwalds trinkt ein *Oleria spec.* aus der Familie der Ithomiidae vorsichtig Nektar aus einer Blüte. Peru.

links *Amphicallia pactolicus*, ein tagaktiver Bärenspinner in Warntracht, im kenianischen Regenwald.

ganz oben *Hyalophora cecropia* aus der Familie der Augenfalter. USA.

oben Ein *Aethria spec.*, ein Bärenspinner mit durchsichtigen Flügeln, im Regenwald Perus.

ganz oben Ein Birkenspanner (*Biston betularia*) in Tarnfärbung. England.

oben Die Imagines vieler Spannerarten sind durch ihre Färbung getarnt. Dieser tagaktive *Atyria spec.* jedoch zeigt sich stattdessen in Warntracht. Peru.

links *Parachalciope euclidicola*, ein Eulenfalter mit Warnfärbung, lebt im kenianischen Regenwald.

rechts Die Raupen der Achateule (*Phlogophora meticulosa*) fressen fast alles, was sie finden können, und sind daher bei Gärtnern nicht sonderlich beliebt. England.

Fliegen und Mücken (Diptera)

Fliegen und Mücken gehören zur Ordnung der Zweiflügler. Menschen sehen in diesen Insekten in erste Linie lästige Plagegeister oder gar gefährliche Krankheitsüberträger, doch die allermeisten Arten kommen mit uns nie in Berührung. Alle Zweiflügler besitzen statt der ursprünglichen beißenden Mundteile stechend-saugende oder leckend-saugende Mundwerkzeuge. In der Mehrheit verfügen sie über große Facettenaugen und sind ausgesprochene Flugkünstler. Als Flugorgane besitzen Zweiflügler – wie ihr Name schon andeutet – nur die häutigen Vorderflügel. Die Hinterflügel sind zu so genannten Schwingkölbchen (Halteren) zurückgebildet, die während des Fluges gegenläufig zu den Flügeln schwingen, den Flug stabilisieren und vermutlich die für Fliegen so charakteristischen plötzlichen Richtungswechsel ermöglichen.

Schnaken und Stechmücken sind die urtümlichsten Zweiflügler. Bremsen besitzen Beißwerkzeuge, um an das Blut von Wirbeltieren zu gelangen, und Raubfliegen stechen mit ihrem Saugrüssel andere Insekten an. Wollschweber und Schwebfliegen ernähren sich von Nektar und Pollen. Dickkopffliegen ahmen häufig Wespen oder Bienen nach, und ihre Larven sind Parasiten eben dieser Insekten. Die Larven der Kotfliege helfen bei der Zerlegung des Dungs von Weidetieren, und ihre Imagines jagen andere Zweiflügler.

ganz oben Die meisten Wiesenschnaken sind recht farblos, aber die *Leptotarsus ducalis gloria* imitiert eine Wespe. Australien.

oben Das Weibchen der *Taxorhynchites moctezuma* besitzt die charakteristische Gestalt einer Stechmücke, ernährt sich aber nicht von Blut, sondern von Nektar. Trinidad.

links Eine Bremse der Art *Tabanus unilineatus* ruht an einem Baumstamm. Sie besitzt die für ihre Familie typische Erscheinung. Kenia.

rechts oben Die Raubfliege verzehrt eine Fleischfliege, die sie zuvor im Flug gefangen hat. Kenia.

rechts unten *Exoprosopa argentifasciata,* ein Wollschweber, speist an einer Korbblüterblüte. Mexiko.

oben Die Flügel der *Villa cypris* sind wie bei vielen Wollschweberarten mit dunklen Flecken gezeichnet. USA.

großes Bild *Laphria spec.*-Raubfliegen imitieren in der Regel verschiedene Bienenarten. USA.

kleines Bild unten links Eine männliche Schwebfliege der Art *Helophilus pendulus* an einer Immortelle. England.

unten Die Dickkopffliege *Conops quadrifasciata* speist an einer Distelblüte. England.

oben Diese Fliege der Art *Nerius nigrofuscus* sitzt auf einer Papaya. Sie hat die für ihre Familie typische Gestalt. Trinidad.

unten Eine *Mimegralla spec.* schwenkt ihre Vorderbeine wie lange Fühler und ahmt offenbar eine kleine Schlupfwespe nach. Kenia.

rechts *Scathophaga stercoraria,* eine Dungfliege. England.

Netzflügler und Kamelhalsfliegen (Neuroptera und Rhaphidopera)

Je nach wissenschaftlichem Ansatz werden beide Insektengruppen den Neuroptera zugeordnet oder bilden jeweils eine eigene Ordnung. Bestimmte Merkmale haben sie jedoch gemeinsam, und einige Arten sind uns sehr bekannt. Die Neuroptera im engeren Sinne umfassen die Echten Netzflügler, zu denen zum Beispiel die Ameisenlöwen, die Florfliegen und die bizarr aussehenden Fanghaften zählen. Sie alle besitzen kauende Mundteile und zwei ungefähr gleich große, häutige Flügelpaare, die in der Ruhephase dachartig über dem Körper liegen. Die Halsregion der Netzflügler ist etwas verlängert. Eben dieses Merkmal ist bei den Kamelhalsfliegen (Raphidioptera) extrem ausgebildet. Deren lange, halsartige Vorderbrust sieht in der Tat wie der leicht gekrümte Hals eines Kamels aus.

oben Im Flug sieht der *Libelloides longicornis* aus der Familie der Schmetterlingshaften wie ein Schmetterling aus. Spanien.

unten Der Netzflügler *Osmylus fulvicephalus* aus der Familie der Bachhaften auf einem Blatt im englischen Wald.

rechts Ein Ameisenlöwe der Art *Palparellus rothschildi* in Ruhestellung. Kenia.

Spinnentiere (Arachnida)

Spinnentiere unterscheiden sich vor allem dadurch von den Insekten, dass sie nicht drei, sondern vier Laufbeinpaare besitzen. Zur Klasse der Arachnida gehören neben den Spinnen und Skorpionen auch Weberknechte, Milben, Geißelskorpione und Walzenspinnen.

Spinnen (Araneae)

Nach den Insekten bilden die Spinnen sowohl in puncto Artenreichtum als auch Anzahl der Einzeltiere die größte Klasse innerhalb der Gliederfüßer (Arthropoda). Anders als bei den Insekten ist der Körper der Spinnen nicht deutlich in Kopf und Thorax untergliedert.

links oben Die goldbraune Spinne *Pterinochilus junodi* in der südafrikanischen Savanne.

links unten Eine männliche Tarantel der Spezies *Aphonopelma iodium* hält auf ihrer nächtlichen Wanderschaft Ausschau nach einer Partnerin. USA.

oben Das Röhrenspinnen-Männchen *Eresus niger* kam unter einem umgedrehten Stein zum Vorschein. Italien.

unten Ein Tapezierspinnen-Weibchen der Art *Sphodros atlanticus* auf seinem sackartigen Wohngespinst, aus dem es für den Fotografen vorsichtig herausgenommen wurde. USA.

Stattdessen bildet der Kopf zusammen mit dem Thorax den so genannten Cephalothorax, der durch eine Taille mit dem Hinterkörper verbunden ist. Im Kopfbereich befinden sich die Beißwerkzeuge (Cheliceren), die bis auf eine Ausnahme bei allen Spinnenfamilien mit Giftdrüsen ausgestattet sind, um Beutetiere zu lähmen. Hinter den Kiefern sitzt der dünne Palpus, ein Tastorgan, mit dem die Spinne den Geschmack potenzieller Opfer testet. Je nachdem, welcher Familie sie angehören, besitzen Spinnen zwei, sechs oder acht Einzelaugen, deren Größe von ihrer jeweiligen Lebensweise abhängt. So haben Netzbauer meist kleinere Augen als aktive Jäger. Im Thoraxbereich, der mit einem robusten Rückenpanzer bedeckt ist, setzen die vier Beinpaare an. Mit Ausnahme einer einzigen, sehr primitiven Spinnenfamilie ist der Hinterleib der Spinnen – anders als bei den Insekten – nicht deutlich in verschiedene Segmente gegliedert. Ein weiteres Unterscheidungsmerkmal sind die Spinndrüsen am Hinterleibsende, die für die Herstellung des Spinnfadens zuständig sind – dem wichtigsten Produkt der Spinne.

Die meisten Spinnen der Erde lassen sich zwei Untergruppen zuordnen. Zu den Mygalomorphae (Geradkiefer) gehören die Vogel-

links oben Das Springspinnen-Weibchen *Eris aurantia* frisst auf einem Blatt im mexikanischen Regenwald eine auffällig gefärbte Motte.

links Mitte Die weibliche Springspinne *Lyssomanes viridis* im tropischen Trockenwald. Costa Rica.

links unten Das Männchen der Springspinne *Epeus flavobilineatus* auf einem Blatt im Regenwald. Sumatra.

ganz oben links Die männliche Springspinne *Telamonia dimidiata* ist auffälliger gefärbt als das Weibchen. Sulawesi.

ganz oben rechts *Thomisus spec.*, eine weibliche Vertreterin aus der Familie der Krabbenspinnen in typischer Lauerstellung auf einer Blume. Kenia.

oben Die Krabbenspinne *Synaema globosum* wartet in ihrer Zistrose auf Beute. Spanien.

spinnen, Tapezierspinnen und die Falltürspinnen. Sie sind überwiegend mittelgroß bis sehr groß und besitzen klauenförmige, parallel nach unten wirkende Cheliceren.

Der überwiegende Teil der Spinnen, oft auch als ›Echte Spinnen‹ bezeichnet, gehört zur Unterordnung der Araneomorphae (Zangenkiefer). Viele Arten sind Nachttiere und verbergen sich tagsüber unter Steinen oder unter der Rinde von Bäumen, während andere am Tag aktiv sind. Die Springspinnen zum Beispiel sind sonnenhungrige aktive Jäger, häufig auffallend hübsch gezeichnet und trotz ihrer geringen Größe an ihren riesigen Hauptaugen leicht erkennbar. Die Scharfaugenspinnen sind ebenfalls großäugige Jäger, verfügen allerdings nicht über die Sprungeigenschaften ihrer sportlichen Verwandten. Krabbenspinnen findet man häufig in Blüten, wo sie begierig auf Beute lauern. Sie sind relativ flach und ähneln ihren Namensgebern nicht nur optisch, sondern auch in ihrer Fähigkeit, seitwärts und rückwärts laufen zu können. Die Riesenkrabbenspinne ist häufig durch ihre Tarnfärbung so gut wie unsichtbar, wenn sie auf der Rinde eines Baumes sitzt und auf Beute lauert. Die Wolfsspinnen sind jagende Bodenbewohner, während Listspinnen und Wasserjäger elegant auf der Wasseroberfläche laufen können, um Wasserinsekten oder sogar kleine Fische, die in geringer Tiefe schwimmen, zu erjagen.

Die Kugelspinnen, zu denen auch die berüchtigte Schwarze Witwe zählt, erkennt man leicht an ihrem Haubennetz, einem dichten, vertikal gewebten Netz, in dem sie bevorzugt kopfüber sitzen. Obwohl die meisten von ihnen einen mehr oder weniger kugelförmigen Körper besitzen, sehen einige Spezies mit ihren dorn- oder sogar hornartigen Hinterleibfortsätzen höchst ungewöhnlich aus.

unten *Holconia immanis,* eine Riesenkrabbenspinne, auf einem Baum im nächtlichen australischen Regenwald.

rechts oben Das Raubspinnen-Weibchen *Pisaura mirabilis* trägt sein Eikokon mit den Kieferklauen herum, bis die Jungspinnen schlüpfen. England.

rechts unten Diese äußerst attraktive Listspinne *Dolomedes albineus* wurde in den USA fotografiert.

oben Das wunderschön gezeichnete Männchen einer Scharfaugenspinne der Art *Oxyopes superbus* im indonesischen Regenwald. Sulawesi.

links Die Listspinne *Dolomedes triton* lauert am Ufer eines kleinen Sees auf Beute. USA

unten Ein Wolfsspinnen-Weibchen der Art *Geolycosa pikei*. USA.

ganz oben Die Stachelspinne *Gasteracantha sturi* auf einem Blatt am Rand des Regenwalds in Sumatra.

oben Ein Seidenspinnen-Weibchen der Art *Nephila maculata* in seinem Netz mitten im Regenwald von Sumatra.

rechts Ein Weibchen der rotbeinigen Kugelspinne *Latrodectus bishopi* in den dunklen Tiefen einer Fächerpalme. USA.

nächste Seite Ein Weibchen der Nordamerikanischen Gartenspinne (*Argiope aurantia*) in seinem Netz. USA.

oben Der Weberknecht *Mitopus morio* sitzt auf einem Nesselblatt. England.

unten Auf einem Ast ausgestreckt, ist dieser langbeinige Weberknecht der Art *Dicranopalpus ramosus* ausgezeichnet getarnt.

ganz unten Der *Discocrytus spec.* ist eine der eher ungewöhnlichen Weberknecht-Arten des brasilianischen Regenwalds.

Weberknechte (Opiliones)

Weberknechte werden häufig mit Spinnen verwechselt. Am leichtesten lassen sich diese beiden Ordnungen daran unterscheiden, dass bei den Weberknechten Kopf, Brust und Hinterleib nicht klar getrennt sind. Hat das Tier also acht Beine, aber keine Taille, handelt es sich um einen Weberknecht. Die Langbeiner besitzen zwar Cheliceren auf der Unterseite der Kopfregion, allerdings keine Giftdrüsen. Sie erbeuten kleine Insekten oder lesen auch schon einmal ein totes Krabbeltier auf. Etwas erhöht auf einem Augenhügel, dem so genannten Okularium, sitzen die beiden Einzelaugen der Weberknechte. Anders als Spinnen weben sie kein Netz, sondern suchen sich ihr Futter am Boden und auf Pflanzen. Die meisten Weberknechte haben einen weichen Körper, doch gibt es auch einige sehr bizarre tropische Arten mit dornartigen Fortsätzen am Hinterleib.

Milben (Acari)

Mit etwa 18 000 Spezies bilden Milben neben den Spinnen die artenreichste Ordnung der Spinnentiere. Wie bei den Weberknechten sind Kopf, Brust und Hinterleib der Milben nicht deutlich untergliedert, doch sind ihre Beine sehr viel kürzer. Die Cheliceren der Milben sind auf die jeweilige Ernährungsweise abgestimmt: Während sie bei parasitären Arten zum Stechen und Saugen dienen, werden sie bei frei lebenden Milben als Kauwerkzeuge benutzt. Die größten und verbreitetsten, insbesondere in Wüsten oder Halbwüsten lebenden Milben sind die Erd- oder Sammetmilben, die von einer dichten Haarschicht bedeckt sind.

Geißelskorpione (Uropygi)

Auf den ersten Blick verwechselt man Geißelskorpione leicht mit den bekannteren Skorpionen, bei genauerer Betrachtung jedoch zeigen sich einige Unterschiede. Bei dieser Gruppe ist der Cephalothorax deutlich vom Hinterleib getrennt, der – anders wiederum als bei Spinnen – klar gegliedert ist und in einen langen geißelartigen Schwanzfortsatz (Flagellum) übergeht. Als Nachttiere besitzen Geißelskorpione ein einziges Paar kleine Augen. Ihre Cheliceren verspritzen kein Gift, aber um Beutetiere leichter erlegen zu können, sind ihre Pedipalpen zu enormen Greifzangen vergrößert. Obwohl mit vier Beinpaaren ausgestattet, verwenden sie nur die drei hinteren zum Laufen. Die langen, dünnen Vorderbeine dienen ähnlich der Fühler von Insekten als Tastorgane.

links Eine Sammetmilbe der Art *Trombidium spec.* krabbelt über den nordamerikanischen Wüstenboden.

unten Ein Geißelskorpionpärchen beim nächtlichen Liebesspiel im Regenwald. Sulawesi.

Walzenspinnen (Solifugae)

Trotz ihres Namens ist die Walzenspinne mitnichten eine Spinne. Sie hat eine gewisse Ähnlichkeit mit dem Geißelskorpion und verwendet wie dieser nur die hinteren drei Beinpaare zur Fortbewegung. Sie ist blitzschnell und macht Jagd auf alle Arten von Insekten, aber auch auf kleine Wirbeltiere, die sie mit ihren gewaltigen Cheliceren ergreift und zerreißt. Sowohl die Vorderbeine als auch die Palpen dienen ihr als lange, antennenähnliche Tastorgane. Sie besitzt ein Augenpaar und einen deutlich gegliederten Hinterleib, allerdings ohne geißelartigen Schwanzfortsatz.

Skorpione (Scorpiones)

Während die Spinnen für ihre starke Verbreitung berühmt sind, kennt man Skorpione wegen ihres berüchtigten giftigen Stachels. Das Augenpaar auf der Oberseite des Kopfes sieht wenig, da Skorpione ohnehin überwiegend nachtaktiv sind. Die Palpen vorn am Kopf sind ähnlich wie bei Krabben zu großen Zangen ausgebildet,

links Die Walzenspinne der Gattung *Solpuga* hat riesige Kiefer. Südafrika.

unten Ein Skorpion der Art *Ophistophthalmus carinatus* lauert unter einem Stein. Südafrika.

mit denen die meisten Skorpione ihre Beute fangen und töten, bevor sie sie mit ihren Cheliceren zerkauen. Alle vier Beinpaare sind Laufbeine. Der hintere Teil des Abdomens ist viel länger und schmaler als der vordere und trägt an der Schwanzspitze eine Giftblase. Der Stich mit der Schwanzspitze dient dazu, größere Beutetiere, die die Tiere mit den Zangen allein nicht bewältigen können, bewegungsunfähig zu machen. Skorpione sind entweder Erdlochbewohner – in diesem Fall tragen sie den Schwanz für gewöhnlich aufgerichtet – oder leben unter Steinen, Holz, Rinde oder ähnlichen Plätzen. In diesem Fall tragen sie ihren Schwanz zur Seite gerichtet, aber stellen ihn bei Gefahr über den Körper auf.

oben Der Feldskorpion *Buthus occitanus* versteckt sich am liebsten unter Steinen – sein Stich ist ziemlich gefährlich. Spanien.

unten Dieser kleine, in den USA fotografierte Skorpion der Art *Vaejovis carolinensis* lebt auf dem Waldboden.

DIE SINNESORGANE

Wie der Mensch besitzen auch Gliederfüßer eine Reihe scharfer Sinnesorgane, die es ihnen ermöglichen, ihren Alltag zu meistern. Sie haben Fühler zum Tasten und Riechen, Augen zum Sehen, Ohren zum Hören, Palpen zum Schmecken und ein Sortiment von empfindlichen Körperhaaren mit einer Vielzahl von Funktionen.

Abgesehen von Höhlenbewohnern können alle Insekten und Spinnen mehr oder weniger gut sehen. Selbst bei nachtaktiven Arten oder Tieren, für die die Sehkraft nutzlos ist, können die Augen zumindest zwischen Tag und Nacht unterscheiden und einen vorbei huschenden Schatten erkennen. Auf einer höheren Entwicklungsstufe stehen die Facettenaugen von Insekten und die Hauptaugen von Spinnen, die in unterschiedlichem Maße in der Lage sind, die Umgebung abzubilden. Das Facettenauge besteht aus vielen, um eine gewölbte Fläche herum angeordneten Einzelaugen. Man nimmt an, dass solche Augen, obgleich sie nicht so scharfe Bilder erzeugen können wie wir sie sehen, während des Umherfliegens dennoch besser funktionieren und kleine Bewegungen wie sich nähernde Beutetiere oder Feinde schneller registrieren.

ganz oben Die sensiblen kammartigen Antennen eines männlichen Käfers der Gattung *Rhipicera* im australischen Regenwald.

oben Das riesige Facettenauge eines Blaugrünen Mosaikjungfern-Weibchens (*Aeshna cyanea*) zeigt deutlich die vielen Facetten, aus denen es aufgebaut ist. Deutschland.

Die meisten Spinnen haben sechs oder acht Augen, doch nur das mittlere Augenpaar vorn im Gesicht ist mit der Bilderzeugung befasst. Die anderen dienen der Wahrnehmung von Licht, Dunkelheit und Bewegung. Diese Hauptaugen sind bei den tagaktiven Jägern, allen voran den Springspinnen, am höchsten entwickelt. Sie sind ganz ähnlich aufgebaut wie das menschliche Auge, mit einer vorn liegenden Linse, die auf der reizempfindlichen Netzhaut ein Bild erzeugt. Damit erschöpft sich die Ähnlichkeit jedoch schon, da Spinnenaugen eine feststehende Linse besitzen und sich stattdessen die Netzhaut zum Fokusieren vor- und zurückbewegt.

Das Hören spielt lediglich bei Geradflüglern und einigen Wanzen, die akustisch miteinander kommunizieren, eine gewisse Rolle. Zum Hören gehört die Fähigkeit, Schwingungen in der Luft wahrzunehmen, denn nichts anderes ist ein Ton. Viele Gliederfüßer haben zwar kein spezielles Ohr, tragen aber irgendwo am Körper hoch empfindliche Härchen, die bei Schallwellen vibrieren und ihnen dadurch Freund oder Feind ankündigen. Diese Art des Hörens ist bei den Arachniden weit verbreitet. Bei zahlreichen Insekten hingegen findet man Ohren,

ganz oben Die Laubheuschrecke der Gattung *Acrometopa* zeigt, wie lang bei manchen Insekten die Fühler im Verhältnis zum Körper sein können. Korfu.

oben Das Gesicht der Feldheuschrecke *Krausseria deckeni* mit den drei Punktaugen (zwischen den Antennen und direkt darüber). Kenia.

links Die langen Fühler zahlreicher Mottenmännchen – hier der Mondspinner (*Actias luna*) – können schon wenige Moleküle des weiblichen Pheromons wahrnehmen. USA.

die ähnlich wie das menschliche Ohr funktionieren, d. h. mit einem Trommelfell, das Schwingungen in der Luft wahrnimmt. Ihre Grundstruktur ist zwar dieselbe, doch befinden sie sich je nach Tierordnung an ganz unterschiedlichen Körperstellen. Das lässt darauf schließen, dass sich das Hörorgan bei Insekten im Laufe der Evolution mehrfach unabhängig voneinander entwickelt hat. Bei Fangschrecken und einigen Motten sitzen die Ohren beispielsweise am Thorax, bei den Zikaden, den Feldheuschrecken und manchen Motten am Abdomen und bei den Laubheuschrecken an den Vorderbeinen. Einige Motten wie auch die Florfliegen hören sogar mit den Flügeln.

oben Auf dem Foto dieser Goldaugenbremse (*Chrysops spec.*) lassen die unzähligen Facetten, aus denen ihre Augen zusammengesetzt sind, gut erkennen. Deutschland.

links Die räuberische Schrecke *Harpagomantis discolor* mit ihren großen Facettenaugen lauert auf Beute. Afrika.

rechts Die Springspinne *Marpissa muscosa* kann mit ihren großen Hauptaugen die Sprungdistanz zu ihrer Beute genau abschätzen. England.

Nahrungsaufnahme

Fossilienfunde lassen darauf schließen, dass die ersten Insekten zum Zerlegen fester Nahrung einen Kiefer besaßen, und bei vielen der heutigen Insektenordnungen findet sich eine weiterentwickelte Form dieses Systems: Zu beiden Seiten des Mundes sitzen kräftige Mandibeln (Oberkiefer), mit denen die Nahrung abgetrennt oder aufgespießt wird, sowie feinere Maxillen (Unterkiefer), welche die Nahrung so weit zerkleinern, dass sie geschluckt werden kann. Mit diesen Werkzeugen verbunden sind zwei Paar kleine, bewegliche Taster (Palpen), um das Futter zu ertasten und zu schmecken. Zum Teil haben die Mandibeln auch andere Funktionen übernommen. Manche Käfer bohren mit ihnen Löcher in Holz, in die sie ihre Eier ablegen. Dolchwespen graben sich mit ihren Mandibeln zu Käferlarven vor, in denen dann ihre eigenen Larven parasitisch leben.

Zahlreiche Insektengruppen ernähren sich nicht von fester, sondern von flüssiger Nahrung. Dazu haben sie verschiedene, nur leicht voneinander abweichende Techniken entwickelt. Die dafür nötigen Sauginstrumente sind alle aus den ursprünglichen beißenden Mundteilen entstanden. Pflanzensauger stechen das Leitgewebe von Pflanzen an und saugen eine stark verdünnte Lösung aus Zucker, Aminosäuren und anderen Substanzen heraus. Auch viele Wanzen ernähren sich in ähnlicher Weise ›vegetarisch‹, manche hingegen saugen als Räuber die Körpersäfte aus anderen Gliederfüßern oder sogar das Blut von Wirbeltieren und Menschen.

Schmetterlinge besitzen ebenfalls saugende Mundwerkzeuge, nehmen jedoch, von einigen Blut saugenden Ausnahmen abgesehen,

oben links Der Sandlaufkäfer *Cicindela campestris* durchbohrt mit scharfen Kiefern seine Beute. England.

links Am Kopf des großen Bockkäfers *Acanthophorus spec.* sitzen mächtige Beißwerkzeuge. Südafrika.

rechts oben Der Laufkäfer *Scarites terricola* ergreift mit den großen Kiefern seine Beute, einen Schwarzkäfer. Portugal.

rechts unten Ein Sandlaufkäfer der Art *Cicindela campestris* frisst eine Schwebfliege. England.

ganz oben links Mit ihren scharfen Kiefern schaben Wespen Holzsplitter für den Nestbau ab und zerlegen ihre Beute in mundgerechte Stücke. Deutschland.

ganz oben rechts Auch Tiere müssen trinken. Hier nimmt eine Schlupfwespe Wasser von einem Blatt auf. Deutschland.

oben links Die Gelbstirnige Dolchwespe (*Scolia flavifrons*) nutzt ihre spitzen Kiefer als Grabwerkzeuge. Frankreich.

oben rechts Larven und Imago des Siebenpunkt-Marienkäfers (*Coccinella septempunctata*) fressen sich an Blattläusen satt. Deutschland.

rechts oben Eine Lederwanze putzt mit den Vorderbeinen ihren langen Rüssel. Trinidad.

rechts unten *Edessa rufomarginata*, eine Schildwanze, sticht ihren Rüssel zur Nahrungsaufnahme in einen Pflanzenstängel. Peru.

›offen zugängliche‹ Flüssigkeiten wie Nektar, Pflanzen- und Fruchtsäfte oder manchmal sogar Urin zu sich. Auch eine kleine Gruppe von Ölkäfern ernährt sich von Nektar und besitzt dazu röhrenartige Mundteile. Die Imagines der Hautflügler fressen ebenfalls großenteils Nektar, doch nur die Bienen besitzen hierzu einen speziellen Saugrüssel. Pflanzenwespen, Taillenwespen und Ameisen nehmen die Flüssigkeit dagegen eher leckend auf und sind dabei auch lange nicht so effektiv wie Bienen. Eine weitere saugende Insektengruppe bilden die Zweiflügler (Fliegen und Mücken). Einige Arten, wie die Raub- und die Tanzfliegen, fangen andere Insekten und saugen sie mit Hilfe ihres Rüssels aus. Stechmücken, Gnitzen, Kriebelmücken, Bremsen und andere durchstechen die Haut von Wirbeltieren oder Menschen und saugen ihr Blut. Wieder andere ernähren sich von Nektar oder Säften, oder geben zersetzende Verdauungssäfte auf feste Nahrung und nehmen diese anschließend in verflüssigter Form auf.

ganz oben Ein *Papilio phorcas* aus der Familie der Ritterfalter trinkt mit seinem dünnen schwarzen Rüssel vom feuchten Boden. Kenia.

oben Der lange schwarze Saugrüssel dieses Ölkäfers der Gattung *Nemognathus* ist unter den Körper zurückgeklappt. USA.

links Der Große Kohlweißling (*Pieris brassicae*) saugt mit seinem Rüssel Nektar aus einer Fettkrautblüte. Deutschland.

rechts Der Fleckenfalter *Charaxes spec.* untersucht mit seinem langen Rüssel einen Haufen Dung – die natürliche Nahrungsquelle seiner Gattung. Kenia.

Futtersuche und Beutefang

Vor dem Fressen steht die Suche nach geeigneter Nahrung. Hierzu gehört auch das Sammeln von Futter für den Nachwuchs oder, bei sozial lebenden Insekten, für die Gemeinschaft. Besonders vertraut ist uns die Nahrungssuche der Bienen. Aus Blütenpollen gewinnen sie die nötigen Proteine, und Nektar dient als Energiequelle. Die einzelnen Bienenarten wenden unterschiedlichste Strategien der Nahrungssuche an. Manche wie etwa die Honigbienen können Pollen von fast jeder Blütenart sammeln, andere sind auf eine bestimmte Pflanze spezialisiert. Auch unter den Wespen gibt es Nektar- und Pollensammler, aber in der Mehrheit sind sie Räuber oder wenig wählerische Aas- oder Allesfresser.

Die meisten solitären Wespen jagen eine bestimmte Insekten- oder Spinnengruppe. Mit Hilfe ihres guten Seh- oder Geruchssinns spüren sie ihre Beute auf, lähmen sie mit einem Stich und schaffen sie in ihr Nest. Dort lassen sie die Beute als Fleischvorrat für ihre Larven zurück. Die höher entwickelten sozialen Wespen dagegen zerlegen ihre Beute und verfüttern sie direkt an die Larven. So verfahren auch viele Ameisenarten mit ihrer Beute. Unter diesen gibt es jedoch besondere Spezialisten wie die Blattschneiderameisen, die ähnlich wie einige Termitenarten auf gesammelten Blättern Pilze züchten und diese dann an ihre Larven verfüttern.

Auch der Beutefang erfolgt mit unterschiedlichen Strategien. Wie viele Wespenarten sind auch Sandlaufkäfer, manche Laufkäfer und einige Bodenbewohner unter den Fangschrecken aktive Jäger, die mit ihren gut entwickelten Augen Beute ausfindig machen und ihr Opfer dann entweder im Lauf oder mit einem Satz zur Strecke bringen. Die meisten räuberischen Wanzen schleichen sich entweder an ihre Beute an, um sie aufzuspießen, oder warten geduldig ab, bis die Beute zu ihnen kommt. Mit dieser zweiten Methode jagen auch die meisten Fangschrecken: Reglos lauern sie, bis ein Opfer in Reichweite ihrer Fangarme gelangt. Raubfliegen lauern

oben rechts Die Feldwespe *Polistes exclamans* schabt von einem Blatt Honigtau für ihr Nest. USA.

rechts Die Wespe *Belonogaster spec.* hat eine Raupe erbeutet und formt diese zu einem Paket, das sie als Larvennahrung ins Nest schafft. Kenia.

ebenfalls ihrer Beute auf. Oft sitzen sie an einem erhöhten Punkt, etwa auf einem Stein oder einem Zweig, und suchen mit ihren großen Augen die Umgebung nach fliegender Beute ab. Sobald sie ein geeignetes Opfer gesichtet haben, fliegen sie los, greifen es mit den Vorderbeinen und stoßen ihren kräftigen Rüssel in die Beute. Tanzfliegen haben ähnliche Methoden, doch sie jagen häufig in dichterer Vegetation und fliegen auch eher auf der Suche nach Beute herum, statt lange auf sie zu warten.

oben Die Wespe *Liris spec.* schleppt eine gelähmte Grille als Nahrungsvorrat zu ihrem Nest. Kenia.

Beutefang bei Spinnen

Während sich viele Insekten vegetarisch ernähren, sind Spinnen ausnahmslos Fleischfresser. Ihre Nahrung besteht vorwiegend aus Insekten, einige höher spezialisiertere Arten jagen andere Spinnen, und manche auch mal ein kleines Wirbeltier. Die offensichtlichste Fangmethode der Spinnen ist das Netz, und die bekannteste Netzform ist das Radnetz, das sich in unterschiedlicher Art bei mindestens drei Familien entwickelt hat. Die Kreuzspinne zum Beispiel zieht in ein senkrechtes Grundgerüst aus nicht klebenden Speichen (Radien) eine Spirale aus Klebefäden. Ein solches Netz ist die perfekte Falle für Fluginsekten. Manche Spinnen weben auch einige dichtere Stränge in ihr Netz. Lange meinte man, diese weithin sichtbaren Fäden sollten Vögel davon abhalten, in das Netz zu fliegen, doch neuen Forschungen zufolge reflektieren sie wie manche Blüten ultraviolettes Licht und locken auf diese Weise Insekten an. In den waagerecht gespannten Deckennetze verfangen sich in erster Linie springende Insekten, die zufällig in sie hinein hüpfen. Manche Spinnen ziehen oberhalb der Netzdecke eine gerüstartige Konstruktion aus senkrechten und waagerechten Fäden, so dass fliegende Insekten dagegen stoßen und auf das darunter liegende Netz stürzen. Soziale Spinnenarten bauen miteinander verbundene Netze. Sie helfen sich gegenseitig bei der Überwältigung von Beutetieren und teilen diese miteinander.

Viele Spinnenarten verwenden keine Fangnetze, sondern bedienen sich anderer Jagdmethoden. Eine davon ist das Auflauern der Beute. Krabbenspinnen zum Beispiel warten reglos auf einer

Pflanze, bis sich ein Insekt in ihrer Nähe niederlässt, packen es mit ihren kräftigen Vorderbeinen und töten es mit einem Biss. Die hauptsächlich am Boden lebenden Wolfsspinnen lauern ebenfalls ihrer Beute auf, suchen sich jedoch, offenbar weniger geduldig, öfter einen neuen Standort. Listspinnen der Gattung *Dolomedes* können durch Wasser übertragene Erschütterungen wahrnehmen und über die Oberfläche von Seen und Teichen laufen, um kleine Fische oder ins Wasser gefallene Insekten zu fangen. Viele Taranteln lauern am Eingang ihrer Höhle und schlagen plötzlich zu, wenn ein Insekt oder anderes Getier vorüberkrabbelt.

Im Gegensatz zu den lauernden Spinnen jagen Springspinnen aktiv. Sie fixieren die Beute mit ihren großen Augen und überwältigen sie mit einem Sprung, dessen Länge ihre Körpergröße oft um ein Vielfaches übersteigt. Zwei weitere Methoden sind ebenfalls erwähnenswert: Eine Reihe von Spinnen hat sich darauf spezialisiert, die Beute aus den Netzen anderer Spinnen zu stehlen, statt selbst zu jagen. Vielleicht noch bemerkenswerter verhalten sich einige Spezialisten, die sich von anderen Spinnen ernähren. Dazu zählen die Zitterspinnen, die ihre Netze oft in Zimmerecken bauen. Diese kleinen, langbeinigen Spinnen sind in der Lage, sich an Hausspinnen, die um ein Vielfaches größer sind als sie selbst, heranzuschleichen und sie zu überwältigen.

links Das Netz der Zebraspinne *Argiope versicolor*. Indien.

oben In der Mitte der X-förmigen, dicht gewebten Stränge sitzt die Zebraspinne *Argiope versicolor*. Sumatra.

rechts Die eingesponnene Wespe hängt im Netz einer Gartenkreuzspinne (*Araneus diadematus*). Deutschland.

oben links Bei dem taubedeckten Netz der zierlichen *Microlinyphia pusilla* ist die Konstruktion aus Netzdecke und Gerüst gut zu erkennen. England.

oben rechts Die Zebraspinne *Argiope versicolor* frisst eine Grille, die sich in ihrem Netz verfangen hat. Sumatra.

rechts oben Sozial lebende Kugelspinnen der Art *Anelosimus eximius* in ihren miteinander verwobenen Netzen in Brasilien.

rechts unten Die Netze einer sozialen Spinnenart überziehen eine Akazie im kenianischen Nationalpark Masai Mara.

links Die Listspinne *Dolomedes spec.* hat einen kleinen Fisch gefangen.

oben links Junge Listspinnen der Gattung *Dolomedes* jagen häufig außerhalb des Wassers. Diese hat im Schilf eine Libelle erbeutet.

oben rechts Die Krabbenspinne *Misumena vatia* lauert in Blüten auf Beute. Dieses Weibchen hat eine Hummel gefangen. England.

rechts Die Zitterspinne *Pholcus phalangioides* frisst an einer Winkelspinne der Spezies *Tegenaria duellica*. England.

Brautwerbung und Paarung

Damit bestimmte Werbungs- und Paarungsrituale überhaupt stattfinden können, müssen sich Weibchen und Männchen erst einmal finden. Bei den Arten, die in hoher Dichte einen bestimmten Lebensraum bevölkern, mag dies kein Problem darstellen, doch viele Gliederfüßer leben einsiedlerisch und, gemessen an ihrer Größe, weit voneinander entfernt. Die üblichste Methode solcher Arten, zueinander zu finden, ist das Aussenden von Sexuallockstoffen, welche hauptsächlich, aber nicht ausschließlich, von den Weibchen produziert werden. Diese Gerüche oder Pheromone führen das Männchen manchmal über mehrere Kilometer hinweg zum Weibchen. Spinnen hinterlassen auf ihrem Weg dünne Spinnfäden, die bei den Weibchen mit Lockstoffen versetzt sind. Sobald ein Männchen die Witterung aufnimmt, kann es dem Faden zum Weibchen folgen.

Eine weitere Strategie der Partnersuche ist der Lockruf. Dieser Methode bedienen sich zum Beispiel Zikaden und Heuschrecken. Großzikaden können eine fast schmerzhafte Lautstärke erreichen, und der ungeheure Energieaufwand, den das Männchen in seinen Lockruf steckt, ist regelrecht zu spüren, wenn man ein zirpendes

oben Mit den dunkelbraunen Gebilden am Flügelansatz erzeugt das männliche Große Grüne Heupferd (*Tettigonia viridissima*) seinen ›Brautgesang‹. Deutschland.

unten Die frisch geschlüpfte Termitenkönigin der Gattung *Odontotermes* schlägt mit den Flügeln, um ihre Sexuallockstoffe zu verbreiten. Nepal.

rechts oben Nachts singt das Männchen der *Baumgrille Oecanthus quadripunctatus,* um ein Weibchen anzulocken. USA.

rechts unten Zwei Riesentausendfüßer der Art *Epibolus pulchripes* in Kenia. Das Männchen krabbelt beim Paarungsvorspiel über das Weibchen.

Tier in der Hand hält. Das Geräusch entsteht durch zwei dünne Platten, Teile des Hautpanzers, die durch einen Muskel zum Schwingen gebracht werden. Andere Insekten erzeugen Geräusche durch das Aneinanderreiben zweier Körperteile, auch als Stridulation bezeichnet. Feldheuschrecken zum Beispiel streifen mit dem Hinterbein am Vorderflügel entlang, während Laubheuschrecken und Grillen ihre Vorderflügel gegeneinander reiben. Weitere Methoden der Geräuscherzeugung sind das Klopfen mit dem Körper auf den Boden, singende Laute durch schnelles Schwingen der Flügel, wie bei einigen Zweiflüglern, oder ein Zusammenschlagen der Flügel im Flug, wie bei manchen Schmetterlingen.

Es fällt schwer zu glauben, dass ›niedere‹ Lebewesen wie die Gliederfüßer oftmals komplexe Werbungsrituale vollführen, bevor es zur eigentlichen Paarung kommt. Einige Arten umwerben den Partner praktisch gar nicht, andere dagegen lang und umständlich. Die vielen unterschiedlichen Verhaltensweisen können hier nicht alle beschrieben werden, es müssen daher einige Beispiele genügen. Bei vielen Raubfliegen fliegt das Männchen hinter dem Weibchen her und versucht, ihm als Vorspiel zur Paarung auf den Kopf zu schlagen. Einige Schwebfliegen verhalten sich ähnlich: Das Männchen schwebt über dem Weibchen und prallt auf es herunter, um es zur Paarung zu veranlassen. Die Männchen der Riesentausendfüßer *Epibolus* krabbeln auf das Weibchen und knabbern sacht an seinem Kopf, bis es zur Paarung bereit ist.

Bei Spinnen kann das Vorspiel recht kurz sein: Das Männchen läuft zum Weibchen und begattet es. Viele Spinnenmännchen müssen jedoch das Weibchen erst durch bestimmte Werbungsrituale von ihren Absichten überzeugen, vermutlich, um den natürlichen Beutetrieb bei beiden Geschlechtern auszuschalten. Gelegentlich werden männliche Spinnen von ihrer Partnerin gefressen, seltener ist das Gegenteil der Fall. Solch ein kannibalistisches Verhalten wird häufig Kreuzspinnenweibchen nachgesagt, doch mit der nötigen Vorsicht droht dem Männchen kaum Gefahr. Nachtaktive Spinnen umwerben das Weibchen für gewöhnlich mit Berührungen und beklopfen oder streicheln es mit den Beinen. Die Männchen der großäugigen, nicht an ein Netz gebundenen Arten, wie Wolfs- und

unten Ein Männchen des Schwarzkäfers *Lepidochora discoidalis* verfolgt in der namibischen Wüste ein Weibchen.

oben Das Männchen des Fleckenfalters *Phyciodes actinote* fliegt bei der Brautwerbung über dem Weibchen. Mexiko.

links Das Schmetterlingsmännchen der Gattung *Euploea* entnimmt Pflanzengift, um daraus ein Aphrodisiakum für die Brautwerbung herzustellen.

Springspinnen, signalisieren den Weibchen ihre Aufmerksamkeit in der Regel durch Winkbewegungen ihrer Palpen. Jede Art besitzt ihr eigenes Zeichensystem, wodurch Paarungen mit anderen Arten verhindert werden. Netzspinnen haben nur kleine Augen, so dass optische Reize bei der Partnersuche kaum eine Rolle spielen. Stattdessen zupft das Männchen in einem bestimmten Rhythmus am Netz des Weibchens, um seine Aufmerksamkeit zu gewinnen. Die regelmäßigen Vibrationen signalisieren dem Weibchen, dass es sich bei dem Eindringling nicht um im Netz zappelnde Beute, sondern um ein paarungswilliges Männchen handelt. Manche Männchen bieten dem Weibchen ein ›Brautgeschenk‹ an, das das Weibchen dann während der Paarung frisst. Andere suchen sich frisch gehäutete Weibchen, deren Kiefer noch weich und ungefährlich sind.

oben Das Männchen der Raubfliege *Mallophora spec.* schwebt bei der Werbung über dem Weibchen. Brasilien.

links Das kleinere Männchen der Laubheuschrecke *Chloracantha lampra* umwirbt im australischen Regenwald das größere Weibchen.

unten Das kleinere Männchen der Heideradnetzspinne (*Neoscona adianta)* umwirbt die größere auserwählte Partnerin in ihrem Netz. England.

Die Paarung selbst ist für die Mehrzahl der Gliederfüßer keine solch komplizierte Angelegenheit. Bei Hundertfüßern erfolgt die Befruchtung ganz ohne Körperkontakt. Nachdem das Männchen das Weibchen umworben hat – mit der gleichen Vorsicht wie ein Spinnenmännchen, denn auch Hundertfüßer sind gefährliche Räuber –, gibt es einen Samentropfen auf ein zuvor dafür angefertigtes kleines Netz. Anschließend läuft das Weibchen über das Netz und nimmt den Tropfen auf. Diese Art der kontaktlosen Fortpflanzung kommt auch bei mehreren Arachniden vor. Bei Tausendfüßern und Insekten führt das Männchen seinen Samen mit einem dem Penis vergleichbaren Organ direkt in den Körper des Weibchens ein. Mal sitzt das Männchen dabei auf dem Weibchen, wie zum Beispiel bei Heuschrecken, mal wenden sie einander die Hinterseite zu, wie die Wanzen. Libellen beherrschen die einzigartige Stellung des ›Paarungsrads‹. Die Geschlechtsöffnung des Männchens befindet sich am Ende des Abdomens. Von hier aus entleert es seinen Samen in einen unter dem zweiten Hinterleibssegment gelegenen Samenbehälter. Dann greift das Männchen mit seinen Hinterleibsanhängen das Weibchen an Kopf und Vorderbrust, und das Weibchen biegt seinen Hinterleib so weit nach unten und vorne, dass es mit seiner Geschlechtsöffnung am Hinterleibsende die Samenbehälter des Männchens erreicht und den Samen aufnehmen kann.

Die vielleicht ungewöhnlichste Form der Fortpflanzung findet man bei den Spinnen. Der Endabschnitt der Palpen ist beim Männchen zu einem Begattungsorgan ausgebildet, mit dem es seinen Samen in die Geschlechtsöffnung des Weibchens gibt. Dieses Organ funktioniert ähnlich wie eine Pipette. Aus seiner Geschlechtsöffnung am Hinterleib setzt das Männchen einen Samentropfen auf ein kleines, speziell zu diesem Zwecke gesponnenes Netz ab und saugt diesen dann in ein oder beide Begattungsorgane auf. Nachdem es das Weibchen erfolgreich umworben und besänftigt hat, führt es die Spitze des oder der Palpen in die Geschlechtsöffnung des Weibchens ein und presst den Samen heraus. Der Rückzug nach der Paarung ist der heikle Moment, in dem manche Spinnenweibchen angreifen und das Männchen fressen.

ganz oben Tausendfüßer der Art *Epibolus pulchripes* bei der Paarung. Kenia.

oben Die Nahaufnahme kopulierender *Epibolus pulchripes*-Tausendfüßer zeigt das eindringende Geschlechtsorgan des Männchens. Kenia.

unten Feldheuschrecken der Art *Phaedrotettix valgus* paaren sich in der mexikanischen Wüste.

rechts Zwei Blaupfeil-Libellen (*Orthetrum sabina)* bilden das so genannte ›Paarungsrad‹. Kenia.

ganz links Lederwanzen der Art *Leptoscelis centralis* paaren sich auf einer Helikonie in Peru.

oben Sandlaufkäfer-Männchen der Art *Cicindela campestris* halten ›ihr‹ Weibchen während der Paarung mit den Kiefern fest. England.

links Das Männchen der Streckerspinne *Leucauge nigrovittata*, hier zur Rechten, paart sich mit der frisch gehäuteten Partnerin in ihrem Netz. Sumatra.

oben Ein Bärenspinnerweibchen der Art *Thyretes negus* legt seine Eier schnurförmig an einem Grasstängel ab. Kenia.

rechts Das Männchen der Feldheuschrecke *Zonocerus elegans* bewacht seine Partnerin bei der Eiablage im feuchten Boden. Südafrika.

Entwicklung

Die Entwicklung der Gliederfüßer beginnt, wie bei allen Tieren, mit dem Ei. Die einzelnen Gruppen und Arten unterscheiden sich jedoch nicht nur in der Zahl der gelegten Eier, sondern auch in den nötigen Vorbereitungen. Die einfachste Methode wenden Stabheuschrecken und einige Schmetterlingsarten an: Das Weibchen verstreut seine Eier einfach an einem Ort, von dem es glaubt, dass genügend Nahrung für die Brut vorhanden sein wird. Viele Insektenweibchen sind etwas sorgfältiger und wählen den Ort der Eiablage so aus, dass die Larven direkt auf ihrer Futterpflanze schlüpfen. Wanzen- und Schmetterlingsweibchen zum Beispiel, deren Larven sich vegetarisch ernähren, müssen die richtige Pflanzenart finden, auf der sie dann einzelne Eier oder ganze Schübe von Eiern ablegen. Andere Gliederfüßerweibchen bauen für ihre Eier ein Nest oder einen schützenden Kokon, und manche wachen sogar über den künftigen Nachwuchs, bis die Larven schlüpfen.

Bei Hundert- und Tausendfüßern, Arachniden, Heu- und Springschrecken, Ohrwürmern, Termiten, Schaben und Wanzen schlüpfen aus dem Ei praktisch Miniaturausgaben der voll entwickelten, ge-

ganz oben Das papierartige Material eines Wespennestes in Nahaufnahme. England.

oben links Das Weibchen der kenianischen Fangschrecke *Tarachodula pantherina* bewacht das Päckchen mit seinen Eiern.

oben rechts Das Weibchen einer Wollbiene (*Anthidium manicatum*) sammelt die Härchen eines Ziest-Blattes als Baumaterial für sein Nest. England.

links Das Weibchen der Grabwespe *Sceliphron fistularum* zerrt eine gelähmte Spinne in seine aus Lehm erbaute Nestkammer. Brasilien.

schlechtsreifen Tiere. Anfangs ist der Kopf der Larven im Verhältnis zum Körper zwar noch sehr groß, doch mit jeder Häutung wird das Tier der späteren Imago ähnlicher. Die Zahl der Larvenstadien zwischen den Häutungen beträgt in der Regel fünf bis sechs. Es ist nicht immer einfach, die letzten Larvenstadien von der Imago zu unterscheiden, bei den Insekten besitzt jedoch erst die Imago voll ausgebildete Flügel.

Zwei Insektengruppen weichen von diesem einfachen Schema ab: Da bei Eintagsfliegen und Libellen die Entwicklung im Wasser stattfindet, ist die Ähnlichkeit der Larven mit den Imagines viel geringer. Die Abfolge der Entwicklungsstadien ist jedoch die gleiche; im letzten Stadium verlässt die Larve das Wasser und häutet sich schließlich zur Imago.

Bei den übrigen hier behandelten Insektengruppen – den Käfern, Taillenwespen, Pflanzenwespen, Bienen, Ameisen, Schmetterlingen, Fliegen, Mücken, Netzflüglern u. a. – nimmt die Entwicklung einen anderen Verlauf. Hier schlüpft aus dem Ei eine Larve, die keinerlei Ähnlichkeit mit der Imago besitzt. Die Larve frisst gierig, wächst schnell und wandelt sich nach einer Reihe von Häutungen zur Puppe. In der Puppe werden die alten inneren Organe der Larve abgebaut, und es bildet sich das neue Tier heran, bis schließlich aus der Puppenhaut die geschlechtsreife Imago schlüpft.

unten In einer Höhle in Sumatra trägt ein Riesenkrabbenspinnen-Weibchen der Gattung *Heteropoda* seine Eier in einem gesponnenen Beutel.

oben links Ein Weibchen der Schildwanze *Tectocoris diophthalmus* bewacht seine Eier. Australien.

oben rechts Die Nymphen der Wanze *Tectocoris diophthalmus* befinden sich im zweiten Larvenstadium und tragen Warntracht. Australien.

links Die Nymphen von *Tectocoris diophthalmus* im dritten und vierten Larvenstadium; zwei befinden sich gerade in der Häutung. Australien.

unten *Die* Imagines der Schildwanze *Tectocoris diophthalmus*. Australien.

links Schmetterlingseier der Tagfalter-Gattung *Caligo* in Nahaufnahme.

unten links Die Raupe einer *Caligo*-Art. Costa Rica.

unten rechts Die Puppe einer *Caligo*-Art. Costa Rica.

Larven und Puppen

Insektenlarven sind reine Fressmaschinen, deren einzige Aufgabe es ist, in kürzester Zeit die größtmögliche Menge an Nahrung zu verwerten und so schnell wie möglich zu wachsen. Zu diesem Zweck besitzt die Mehrheit von ihnen kräftige Kiefer, mit denen sie ihre pflanzliche oder tierische Nahrung zerlegen. Der dünne Hautpanzer, der ein gewisses Maß an Wachstum auch zwischen den Häutungen ermöglicht, bietet wenig Schutz, und viele Larven haben daher Verteidigungsmechanismen entwickelt, die später noch beschrieben werden. Ein besonderer Trick, Angreifer abzuschrecken, ist zum Beispiel das Hochwürgen des Mageninhalts.

Im letzten Stadium sucht sich die Larve einen möglichst versteckten Ort, um sich dort zu verpuppen. Häufig hat diese Puppe eine Tarnfarbe, doch warnend gefärbte Larven können auch als Puppe ihre Warnfarben bewahren. Einige Larven spinnen sich als zusätzlichen Schutz noch einen Kokon, in dem sie sich verpuppen.

links An seiner leeren Puppenhaut hängt ein frisch geschlüpfter Schmetterling der Gattung *Caligo*. Costa Rica.

ganz oben Das Gesicht einer ›Fressmaschine‹: die Raupe des Nachtfalters *Eupackardia calleta*. USA.

oben Die warnend gefärbte Schmetterlingsraupe des *Danaus melaneus* frisst an einem Blatt im malaysischen Regenwald.

oben Die auffällig gefärbte Raupe des Eulenfalters *Rhanidophora cinctiguttata*. Kenia.

links Nachtfalterraupen in Warntracht. Mexiko.

rechts oben Die Raupe des Oleanderschwärmers (*Daphnis nerii*).

rechts unten Augenspinner-Raupe der Art *Antheraea roylei*.

oben Die Schmetterlingsraupe der Art *Hyalophora cecropia*. USA.

rechts Die bizarre Raupe des Walnussfalters (*Citheronia regalis*). USA.

unten Eine Ansammlung von Raupen des Ringelspinners (*Malacosoma neustria*) in Warnfarben auf ihrem schützenden ›Zelt‹ aus Spinnfäden. Deutschland.

links oben Die urtümliche Larve eines Schnabelkäfers der Gattung *Duliticola* ist mit Panzer und Warntracht doppelt geschützt. Borneo.

ganz links Warnend gefärbte Larven des Schildkäfers *Physonota alutacea* im tropischen Trockenwald von Costa Rica.

links Die Larven der Pflanzenwespe *Arge pagana* heben in Abwehrhaltung ihre Hinterleiber. England.

ganz oben Die parasitische Larve einer Wegwespe hängt am Körper ihres Wirtes, einer Spinne. Australien.

oben Ein Knäuel von Trauermückenlarven auf nassem Holz im Wald. Kenia.

unten Die Larve des Gemeinen Goldauges (*Chrysoperia carnea)* ernährt sich von Blattläusen. Deutschland.

ganz unten Die räuberische Larve eines Ameisenlöwen im tropischen Trockenwald. Costa Rica.

rechts, links oben Die Warnfärbung der Puppe eines Harlekins (*Abraxas grossulariata*) leuchtet durch den hauchdünn gesponnenen Kokon. England.

rechts, links Mitte Die farblose Puppe des Großen Kohlweißlings (*Pieris brassicae*) verschmilzt optisch mit dem Hintergrund. Deutschland.

oben Der Kokon einer parasitischen Wespe hängt an einem Faden neben dem Körper einer Raupe, von der sich die Larve ernährt hat. England.

links unten Die warnend gefärbte Schmetterlingspuppe eines *Acraea andromacha* im immergrünen Hartlaubwald in Australien.

oben Die Sequenz zeigt die Häutung der Zikade *Venustria superba.* Australien.

rechts Die Imago eines Tagpfauenauges (*Inachis io*) schlüpft aus ihrer Puppe. Deutschland.

Häutung

Bei Wirbeltieren und dem Menschen vollzieht sich das Wachstum als allmählicher Prozess. Den Gliederfüßern ist diese Art der Entwicklung versagt, da ihr Hautpanzer nur kaum oder gar nicht dehnbar ist. Um zu wachsen, müssen sie ihn daher in regelmäßigen Abständen erneuern. Die Arten einer Tierfamilie, die Taranteln, häuten sich sogar als ausgewachsene Tiere noch regelmäßig. Das hat einen einfachen Grund: Die großen, behaarten Spinnen werden bis zu 30 Jahre alt, und von Zeit zu Zeit muss die abgenutzte Hülle ausgewechselt werden.

Vor der eigentlichen Häutung bildet sich unter dem alten Hautpanzer ein neuer heran, der zunächst noch weich und faltig ist. Alte und neue Haut sind dabei durch eine spezielle Flüssigkeit voneinander getrennt. Nachdem sich das Tier eine geeignete Position zur Häutung gesucht hat, platzt die alte Haut vom Kopf nach hinten auf. Während es schlüpft, zieht das Tier die Fühler, Beine und – falls vorhanden – Flügel aus der alten Hülle. Dann wird der Körper durch Luftaufnahme von innen ausgedehnt und die faltige neue Haut geglättet. Das Tier nimmt dabei an Größe deutlich zu. Blut strömt in die zerknitterten Flügel, und sie breiten sich aus. Sobald der Körper vollständig ausgedehnt und gestreckt ist, wird die Haut hart und färbt sich.

Die Häutung ist ein kritischer, körperlich äußerst anstrengender Vorgang, der nicht selten tödlich endet. So kann es zum Beispiel passieren, dass es dem Tier nicht gelingt, die Fühler oder Beine aus dem alten Hautpanzer zu befreien, oder die Flügel auszubreiten, bevor sie erhärten. Die abgestreifte Hülle ist noch reich an Nährstoffen, und manche Insekten fressen sie nach der Häutung auf.

links oben Die Flügel des frisch geschlüpften Plattbauchs (*Libellula depressa*) müssen noch trocknen und erhärten, bevor er zu seinem ersten Flug aufbrechen kann. Deutschland.

links unten Die Nymphe einer *Acrometopa*-Laubheuschrecke im fünften Larvenstadium frisst nach der Häutung ihre alte Hülle. Korfu.

oben Eine Feldwespe der Art *Polistes fastidiosus* fächert mit schnellem Flügelschlag kühlende Luft über ihr Nest. Kenia.

unten Die Libelle *Trithemis arteriosa* streckt ihren Körper steil nach oben, um möglichst wenig Körperoberfläche den heißen Sonnenstrahlen auszusetzen.

Die Regulierung der Körpertemperatur

Anders als Wirbeltiere sind Gliederfüßer keine Warmblüter. Sie müssen daher durch ihre Lebensweise dafür sorgen, dass ihre Körpertemperatur immer in einem bestimmten, für sie lebensnotwendigen Bereich bleibt. In den gemäßigten Klimaregionen der Erde überwintern viele Gliederfüßer während der kalten Jahreszeit und ›umgehen‹ auf diese Weise niedrige Temperaturen. Andere lassen sich von der Sonne aufwärmen, bevor sie aktiv werden oder setzen Muskelbewegung in Wärme um, indem sie zittern.

Auf der anderen Seite müssen sich die Tiere auch vor extremer Hitze schützen. Zu diesem Zweck suchen sich viele Gliederfüßer einfach einen Platz, der vor direkter Sonneneinstrahlung geschützt ist oder graben sich im Boden ein. Ist dies nicht möglich, werden andere Strategien verfolgt. Libellen beispielsweise sind tagaktive Jäger und können der Sonne nicht aus dem Weg gehen. Um die Strahlung auf ihre Körperoberfläche zu minimieren, setzten sie sich so, dass ihr Hinterleib steil zur Sonne gerichtet ist. Damit sie nie weit laufen müssen, um ihre Beute zu beißen und einzuspinnen, sitzen Radnetzspinnen bevorzugt in der Mitte ihres Netzes – und das bedeutet oft in der Sonne. Wird es dann sehr heiß, hängen sie in seltsamen ›Winkeln‹ am Netz, um eine möglichst kleine Fläche ihres Körpers der Sonne auszusetzen.

Verteidigung gegen Feinde

Gliederfüßer haben zahlreiche Feinde. Sie sind die Hauptnahrungsquelle vieler Vögel, Säugetiere und Reptilien; die größte Gefahr droht jedoch von anderen Gliederfüßern. Die wohl nahe liegendste Strategie, sich vor Feinden zu schützen, ist die Flucht in ein Versteck, etwa in eine Höhle oder Ritze, unter einen Stein oder ein Stück Rinde. Eine andere Möglichkeit ist die Tarnung. Viele Insekten und Spinnen haben sich in Farbe und Musterung ihrer natürlichen Umgebung angeglichen, und einige Arten imitieren zusätzlich ein Objekt aus ihrer Umgebung, wie etwa ein Blatt, einen Ast oder Stein. Diese Tarnstrategien funktionieren allerdings nur unter einer Voraussetzung: Um nicht gesehen zu werden, muss das Tier sich die meiste Zeit völlig reglos verhalten und darf sich möglichst nur nach Einbruch der Dunkelheit bewegen. Ein weiterer Trick ist die Irritation oder Täuschung des Feindes durch große Augenzeichnungen oder leuchtende Farben und Muster.

Tausendfüßer sowie zahlreiche Insektenarten bedienen sich chemischer Verteidigungsstoffe, die sie für ihre Feinde ekelerregend, ungenießbar oder beides machen. Sie erzeugen diese Stoffe entweder selbst oder nutzen übelschmeckende oder giftige Substanzen, die sie aus ihren Nahrungspflanzen gewinnen. Um räuberischen Wirbeltieren ihre Ungenießbarkeit zu demonstrieren, tragen sie häufig Warntracht, und die intelligenten Räuber lernen schnell, Farben wie Rot, Orange oder Gelb oder schwarz-weiße und schwarz-gelbe Musterungen zu meiden. Andere, eigentlich essbare Arten haben sich diesen Umstand zunutze gemacht und imitieren die Warntracht ungenießbarer Arten.

unten Die Feldheuschrecke *Romalea microptera* zischt und erzeugt einen abstoßenden Schaum, sobald sie bedroht wird. USA.

rechts oben Warnend gefärbte Buckelzirpen aus der Gattung *Erechtia* mit Ameisen. Brasilien.

rechts unten Der übel schmeckende Schnabelkäfer der Gattung *Conderis* trägt Warntracht. Malaysia.

rechts, ganz rechts Auf der Nahaufnahme sind deutlich die Dornen der warnend gefärbten Augenspinner-Raupe *Dirphia molippa* zu erkennen. Trinidad.

ganz oben links Solange er sich nicht rührt, ist dieser Falter der Art *Peribatodes rhomboidaria* perfekt getarnt und vor seinen Feinden sicher. England.

ganz oben rechts Die Larve der kleinen Wanze *Alydus calcaratus* imitiert eine schwarze Ameise, die nur wenige Feinde hat. England.

oben Die wunderschön gemusterte und gut getarnte Raupe des Nachtfalters *Cleora lichenaria*. England.

rechts Zwei Laternenträger (*Laternaria laternaria*): Das obere Exemplar sitzt in Ruhestellung mit geschlossenen Flügeln, das untere zeigt zur Abschreckung potentieller Feinde die Augenzeichnung seiner Flügel. Costa Rica.

DIE GIGANTEN – EINIGE DER GRÖSSTEN GLIEDERFÜSSER DER ERDE

ganz oben *Blaberus giganteus*, eine riesige Totenkopfschabe, teilt sich die Höhle mit Fledermäusen. Trinidad.

oben *Eutropidacris cristata*, eine der größten Feldheuschrecken der Welt, kann bis zu elf Zentimeter lang werden. Brasilien.

rechts Das Weibchen der Stabheuschrecke *Acrophylla titan* kann eine Länge von mehr als 25 Zentimetern erreichen. Australien.

oben Mit einer Spannweite von 30 Zentimetern ist der Eulenfalter *Thysania agrippina* der größte Schmetterling überhaupt. Tagsüber ruht er an einem Baumstamm im Regenwald des Amazonasbeckens. Brasilien.

links Riesentausendfüßer wie der *Archispirostreptus gigas* werden bis zu 25 Zentimeter lang. Kenia.

nächste Seiten Der Atlasspinner (*Attacus atlas*) gehört zu den schwersten Schmetterlingen der Welt.

oben Von der Spitze des Horns bis zum Ende des Hinterleibs misst der Herkuleskäfer (*Dynastes hercules*) bis zu 18 Zentimeter. Costa Rica.

unten Im Flug sieht der Rüsselkäfer *Rhynchophorus ferrugineus* fast wie ein kleiner Vogel aus. Sulawesi.

rechts oben Der größte bekannte Prachtkäfer der Welt, *Euchroma gigantea*, wird bis zu neun Zentimeter lang. Peru.

rechts unten Eine der größten Fliegen der Welt, *Pantophthalmus tabaninus*, ruht im Regenwald an einem Baum. Sie erreicht eine Länge von fünf Zentimetern.

1 LEBEN IN DEN BERGEN

Wir Europäer nennen alles, was höher als 500 Meter ist, einen Berg. In Gegenden wie Peru oder Bolivien verdienen derartige Erhebungen kaum die Bezeichnung Hügel. Dort beginnen die ›richtigen‹ Berge bei etwa 1500 Metern, und alpine Flora und Fauna ist wie in den meisten tropischen Gebirgen erst in Höhen über 3000 Meter anzutreffen. Als Grundregel gilt: Je weiter man von den Tropen entfernt ist, desto niedriger liegt die untere Grenze für alpines Leben.

Die Insekten, Spinnen und zahlreichen anderen Gliederfüßer der Berge sind ein zähes Völkchen. Und das müssen sie auch sein, denn die Winter sind mitunter extrem hart, Frühlingstage werden oft von plötzlichen Schneestürmen vereitelt, und selbst im Sommer kann es nachts noch frieren. In vielen Gebirgen regnet es häufig, und Unwetter im Sommer sind die Regel. Umgekehrt leiden andere Gebirgssysteme, wie weite Teile der Anden, der südlichen Rocky Mountains und der zentralasiatischen Gebirgsketten, unter teilweise großer Dürre. Mit Wildblumen übersäte Bergwiesen prägen vielleicht das Bild der Alpen oder der Rocky Mountains, doch in den trockenen Anden oder im

links Diese Dornschrecke der Gattung *Dolatettix* hoch auf den steinigen Hängen des Kinabalu in Borneo gleicht einem kleinen Kieselstein.

rechts Die Wasatch Mountains in Utah, USA.

unten Die Schlucht in den französischen Pyrenäen ist übersät mit alpinen Disteln und Schwertlilien.

ganz unten In den französischen Alpen.

feuchtkalten Hochland Schottlands beherrschen nackter Fels und Geröllhalden die Landschaft.

Die zähesten Gliederfüßer unter den Bergbewohnern scheinen verschiedene *Trechus*-Arten zu sein, flügellose Laufkäfer, die an den Gletscherrändern des Himalaya in Höhen bis zu 5500 Meter leben. Eine ganze Tierordnung ›lebender Fossilien‹, die so genannten Grillenschaben (Grylloblattodea), existieren fast ausschließlich in den unwirtlichsten Regionen nahe der Schneegrenze in den Rocky Mountains und anderen Gebirgen. Diese urtümlichen Insekten leben unter Steinen und Moos und wurden erst 1914 entdeckt.

Wegen der häufigen kräftigen Winde, der Sommergewitter und der vergleichsweise kurzen frostfreien Zeit in den Bergen sind alpine Insekten meist flügellos. Das gilt besonders für Käfer und

rechts oben Im Hochland der peruanischen Anden, in über 4000 Meter Höhe, verfolgt ein Blasenkäfer-Männchen der Art *Pseudomeloe collegialis* ein Weibchen über den kurzen, strohartigen Rasen. Beide Geschlechter sind flügellos, und die orangefarbenen Streifen an den Seiten sollen Angreifer vor dem üblen Geschmack der Käfer warnen.

rechts unten Die flügellose Kleine Goldschrecke (*Euthystira brachyptera*) lebt in den europäischen Gebirgen.

vorhergehende Seiten Die flügellose europäische Alpengebirgsschrecke (*Miramella alpina*).

unten Ein Weibchen der Gewöhnlichen Gebirgsschrecke (*Podisma pedestris*) in den französischen Pyrenäen.

ganz unten Eine flügellose Heuschrecke der Gattung *Parasphena.*

rechts oben Die Schrecke *Punacris peruviana* aus den Hochanden sieht der europäischen Gebirgsschrecke (*Podisma pedestris*) verblüffend ähnlich, doch die beiden Arten gehören verschiedenen Unterfamilien an.

rechts unten *Monistria concinna*, eine flügellose Heuschrecke aus den australischen Snowy Mountains, gehört zur Unterfamilie Pyrgomorphinae, deren meisten Mitglieder übel schmeckend sind und Warnfarben tragen.

oben Der Gelbling *Colias cesonia* lebt in Bolivien in 4300 Meter Höhe.

rechts In der kargen Landschaft der argentinischen Anden wächst in 3500 Meter Höhe ein Wald aus *Oreocereus celsianus*-Kakteen.

Heuschrecken. Viele der letzteren fliegen auch im besten Falle nur mäßig, und Flüge an stürmischen Berghängen wären für sie viel zu riskant. Der Besitz funktionstüchtiger Flügel erscheint auch deswegen sinnlos, weil die Tiere für deren Aufbau zusätzliche Nahrung benötigen würden, die jedoch in den kurzen Sommern nur begrenzt zur Verfügung steht. In den einzelnen Gebirgen der Erde leben verschiedene Heuschreckenarten, die einander erstaunlich ähnlich sehen, aber nicht eng verwandt sind. Die Isolation einzelner Populationen auf den Berggipfeln führt mitunter zur Entwicklung neuer genetischer Formen und schließlich sogar zu neuen Arten. Ein Beispiel dafür ist die in Europa heimische Gewöhnliche Gebirgsschrecke (*Podisma pedestris*).

Die zum großen Teil sehr trockenen Anden mit ihrem spärlichen Pflanzenwuchs sind vergleichsweise arm an Insekten. Dort finden sich hauptsächlich zähe Hochlandschmetterlinge, insbesondere verschiedene Weißlinge, und einige Heuschreckenarten wie die Pferdekopfschrecken (Proscopiidae), die im Hochland, dem Altiplano, unbemerkt zwischen den dürren Zweigen hocken. Zwei

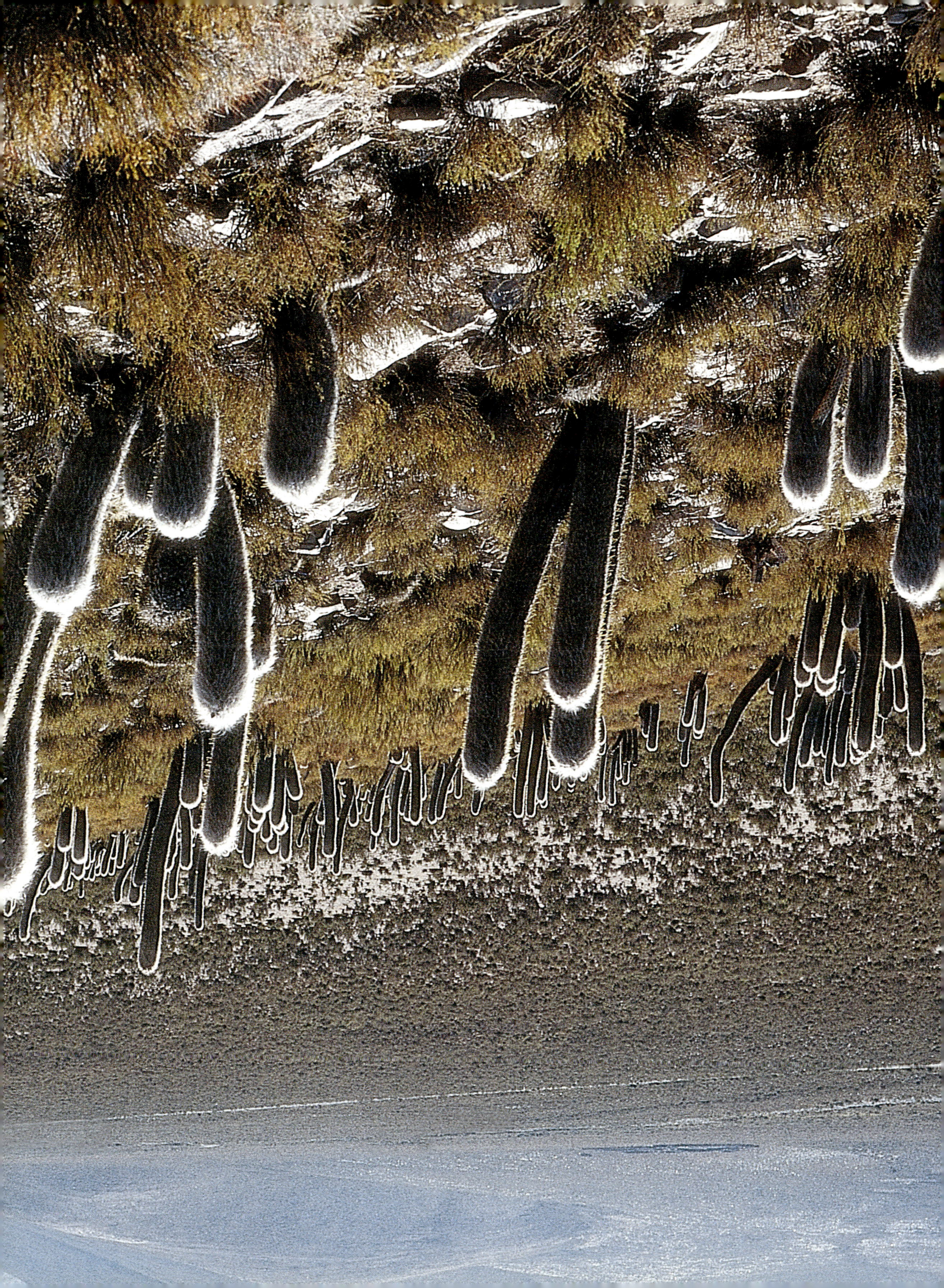

der beeindruckendsten Heuschrecken der Anden sind *Meridacris mucujibensis* und *Meridacris meridensis* aus dem spektakulären Páramo der venezolanischen Anden. Obwohl der Páramo mitten in den Tropen liegt, herrscht dort, in einer Höhe von über 4000 Metern, ein feuchtes, raues Klima mit ganzjährigen Schneeschauern. Die charakteristische Pflanze dieser Region ist die *Espeletia*. Sie gehört derselben Familie an wie die Sonnenblume und prägt das Bild einer der eindrucksvollsten Landschaften der Erde. In schützende Mäntel aus weißen Filz gehüllt, stehen die Korbblüter zu Tausenden an den Hängen wie das Publikum eines winterlichen Fußballspiels. Sie wachsen in dichten Rosetten, und die Heuschrecken verbringen die meiste Zeit im flauschigen Blattwerk am Fuße der Pflanzen und wärmen sich zwischen den silbrigen Blättern. Erst

links *Tatochila xanthodice*, einer der vielen Weißlinge der Anden, ruht an seinem 4300 Meter hohen Schlafplatz in Bolivien.

rechts Der Fleckenfalter *Junonia vestina* ist ein zähes Mitglied der Schmetterlings-Fauna der Hochanden.

unten Eine perfekt getarnte Pferdekopfschrecke aus dem Altiplano der argentinischen Anden.

oben *Meridacris mucujibensis* bei der Paarung auf einer *Espeletia*-Pflanze in Venezuela.

links und unten Die *Espeletia* prägt die Landschaft des venezolanischen Páramo.

oben Das Männchen einer *Arhysosage*-Biene versucht sich auf einer Kaktusblüte mit einem Weibchen zu paaren. Argentinien.

rechts Eine Hummelkönigin der Art *Bombus sylvicola* sucht im Frühjahr in den Rocky Mountains Colorados nach Nahrung.

wenn sich die Sonne hervorwagt, verlassen sie ihren behaglichen Platz und fressen im Freien.

In den kurzen sonnigen Abschnitten besuchen eilig große, goldbraune Hummeln die gelben Blüten der Korbblüter. Auch sie sind mit ihrem dichten Pelz hervorragend an das Leben in den Bergen angepasst. In den Rocky Mountains suchen zum Frühlingsanfang die Königinnen der hübschen *Bombus sylvicola* zwischen den gelegentlichen Schneestürmen geschäftig nach Nahrung. Wie bei allen Hummeln müssen die Königinnen nach dem Überwintern die Futtersuche zunächst selbst übernehmen. Erst wenn sie genügend Nahrung gesammelt haben, ›produzieren‹ sie die ersten Arbeiterinnen. Diese sind zwar noch sehr klein, bringen aber das Nest schon richtig in Schwung. Die Männchen einiger alpiner Hummelarten sind ungewöhnlich stark revierorientiert. Sie besitzen vergrößerte Augen und halten an geeigneten Punkten Ausschau nach Rivalen und potenziellen Partnerinnen. Um einen Eindringling zu vertreiben, demonstriert der Revierinhaber seine Macht bisweilen so heftig, dass er oder sein Rivale verletzt wird – ein bei Insekten ungewöhnliches Verhalten, denn für gewöhnlich zieht sich einer der Konkurrenten früh genug zurück.

In einigen der trockeneren Andenregionen sind die häufigsten Bienen die *Arhysosage*-Arten. Diese ›Gebirgsbienen‹ leben in Höhen über 4000 Meter und haben sich auf verschiedene Kakteenblüten spezialisiert. Oft warten die kleinen Weibchen nicht einmal, bis die Blüten vollständig geöffnet sind, sondern zwängen sich schon gierig hinein, wenn sich die Blütenblätter gerade erst zu öffnen beginnen. Kakteenblüten sind reich an Pollen und Nektar und bieten den Bienen auch in trockenen Jahren, wenn manch andere Pflanzen nicht zur Blüte kommen, eine verlässliche, reichhaltige Nahrungsquelle. Da die Weibchen ausschließlich Kakteen aufsuchen, fällt den Männchen die Partnersuche nicht schwer: Sie brauchen nur auf einem gemütlichen Polster aus Pollen auf die sichere Ankunft eines Weibchens zu warten. Die fleißigen Bienen sorgen für eine ausgiebige Bestäubung, so dass die Kakteen reichlich Früchte tragen.

Sobald es im Frühling wärmer wird, beginnt auch die Partnersuche. Raubfliegen der Gattung *Cyrtopogon* sind charakteristische Bergbewohner Europas und Nordamerikas, und der erste Sonnenstrahl, der hinter einer großen Wolke hervorbricht, animiert sie zu einer stürmischen Balz. Männchen und Weibchen der europäischen Raubfliege *Cyrtopogon ruficornis* sitzen sich für gewöhnlich auf einem Stein oder einem Stück Holz gegenüber. Wenn die Sonne durchbricht, fängt das Männchen an, wie wild vor dem Weibchen umher zu hüpfen und zu tanzen, und zeigt die glänzende schwarze Spitze seines Hinterleibs mit dem Büschel aus goldenen Härchen. Auch *Cyrtopogon auratus* aus den Rocky Mountains vollführt einen elegant tänzelnden und hüpfenden Balztanz, doch bei beiden Arten werden die Bemühungen des Männchens erschreckend selten belohnt, und Paarungserfolge bleiben die Ausnahme.

Dem Augenfalter *Oeneis chryxus* sind raffinierte Werbungsrituale fremd. Die Männchen versammeln sich zu mehreren auf dem nackten Boden und warten einfach darauf, dass ein Weibchen herbei fliegt und eines der Männchen zum Partner wählt. *Oeneis chryxus* ist in der arktischen Tundra und in großen Teilen Kanadas weit verbreitet, doch in südlicheren Regionen ist er nur im Gebirge zu finden. Der gut getarnte Schmetterling fliegt selten und führt ein Leben im Verborgenen. Der Apollofalter hingegen, der typischste Gebirgsschmetterling mit ungefähr 50 verschiedenen Arten, ist weit auffälliger. Die prächtigen Mitglieder dieser Gattung haben halbtransparente Flügel, die wie von zartem weißen Reif überzogen sind, und einen plumpen, haarigen Körper. Diese echten Gebirgs-

unten Das Männchen der Raubfliege *Cyrtopogon ruficornis*, hier zur Linken, führt seinen Balztanz vor. Frankreich.

bewohner leben in den Bergen Nordamerikas, Europas und Asiens und sind im wärmeren Tiefland nicht anzutreffen. Sowohl die Raupen als auch die Imagines sind für Wirbeltiere wie etwa Vögel giftig, und in der Regel lassen diese nach einem kurzen Picken in den harten, ledrigen Körper von ihrem Opfer ab. Manche Säugetiere, wie zum Beispiel Backenhörnchen, sind allerdings weniger wählerisch und fressen unbeeindruckt weiter. Dies ist erstaunlich, denn die Körpersäfte dieser Edelfalter lösen sogar beim Menschen Hautreizungen aus. Die Imagines können sich ihren flatternden und eher gemütlichen Flug erlauben, denn in der Luft haben sie keine Feinde – zumindest, solange Backenhörnchen nicht das Fliegen lernen. Eine spezielle Brautwerbung findet nicht statt; die Männchen machen sich schlicht auf die oft lange Suche nach einem Weibchen. Nach der Paarung versiegelt das Männchen die Geschlechtsöffnung des Weibchens mit einem Sekret, damit kein anderes Männchen die Eier befruchten kann.

Eine Gattung der Augenfalter, *Erebia,* ist ebenfalls in sämtlichen Gebirgen Europas, Asiens und Nordamerikas weit verbreitet. Diese Schmetterlinge, auch Mohrenfalter genannt, sind wie die meisten ihrer Verwandten unauffällig gefärbt. Häufig sitzen sie mit geöffneten Flügeln auf der Erde und nehmen dort die für jede Aktivität

oben Der Augenfalter *Oeneis chryxus.* USA.

unten Der Augenfalter *Erebia pronoe* in den französischen Pyrenäen.

nächste Seiten Ein Apollofalter (*Parnassius apollo*) in den Pyrenäen.

oben Der Edelfalter *Speyeria coronis* in den Rocky Mountains.

links oben Ein Falter der Art *Chlosyne gabbii* an einem Apriltag in den Rocky Mountains.

links unten *Polites draco*, ein Dickkopffalter der Rocky Mountains.

benötigte Sonnenwärme auf, die im Gebirge oft nur in der schmalen Luftschicht am Boden gespeichert wird.

Viele Schmetterlingsarten entwickeln sich im warmen Tiefland und wandern dann im Sommer auf die blühenden Bergwiesen – so wie auch die Hirten in den Alpen noch immer ihre Herden im Sommer auf die saftigen Almen treiben. Der an der Westküste der USA lebende Fleckenfalter *Speyeria coronis* zum Beispiel verbringt die Larvenstadien im warmen und trockenen Tiefland, zieht dann als Imago in die blumenübersäten Berge und kehrt schließlich im Herbst zur Eiablage in die tiefer gelegenen Regionen zurück. Von vielen Schmetterlingen, wie etwa im Falle des amerikanischen Fleckenfalters *Chlosyne gabbii*, existieren Unterarten im Gebirge, und die Abgrenzung der einzelnen Arten voneinander ist nicht immer einfach. So könnte beispielsweise der Dickkopffalter *Polites draco* auch als alpine Unterart des viel häufigeren *Polites sabuleti* betrachtet werden.

Stechende Fliegen- und Mückenarten werden in den Bergen oft zum echten Problem. Winzige schwarze Kriebelmücken zum Beispiel können das Leben an glitzernden Gebirgsbächen, in denen die Larven heranwachsen, zur Qual machen. In den Rocky Mountains traktiert die stechende Schnepfenfliege *Symphoromyia* hartnäckig und schmerzhaft die nackten Arme und Hände der Menschen. Die Blut saugenden Eigenschaften dieses Gebirgsbewohners sind besonders bemerkenswert, da die meisten anderen Mitglieder der Familie als Imagines anscheinend überhaupt keine Nahrung aufnehmen. Eine viel größere und eindrucksvollere Fliege findet bereits in einem früheren Stadium Geschmack an Lebendnahrung: die hübsche, borstige Raupenfliege *Adejeania vexatrix*: Während die ausgewachsenen Tiere im Spätsommer in den Rocky Mountains geschäftig um die Blüten von Disteln und beifußblättrigem Trauben-

kraut schwirren, entwickeln sich ihre Larven als Innenparasiten in verschiedenen großen Schmetterlingsraupen. Solch ein grausiges Raubschmarotzertum ist auch bei den übrigen Mitgliedern ihrer Familie die Regel. Bei einigen Arten legt das Weibchen sein Ei direkt auf der Raupe ab, bei anderen verstreut es die Eier auf der Futterpflanze der Raupen, wo sie dann mitgefressen werden. Sobald das Ei in den Körper der Raupe gelangt ist, schlüpft die Larve und beginnt, ihren Wirt von innen zu verzehren.

Kaum eine Fliege ist in solchen Höhen anzutreffen wie die eher farblose Schwebfliege *Copestylum parina*. Im Hochland der Anden lebt sie in über 4000 Meter Höhe, knapp unterhalb der Vegetationsgrenze. Hier ist der Boden jeden Morgen weiß vom Frost, doch am Mittag nährt sich das kleine zähe Tier an den winzigen, aber zahlreichen Blüten der Azorella-Pflanzen. Diese Doldengewächse wachsen in harzigen Polstern, die wie fester grüner Schaum aussehen, und gehören zu den zähesten Pflanzen der Erde.

oben Die Schwebfliege *Copestylum parina* an einer Blüte in den Anden.

unten *Adejeania vexatrix* in einem Bergwald in Arizona, USA.

EIN KURIOSER BERGBEWOHNER

Die flugunfähige australische Langfühlerschrecke *Acripeza reticulata* gehört zur Familie der Laubheuschrecken (Tettigoniidae). Sie ist hauptsächlich in den Snowy Mountains, den höchsten Bergen Australiens heimisch, kommt aber auch im Tiefland vor. In Ruhephasen sitzt sie am Boden oder an den Stamm eines Eukalyptusbaumes gedrückt und sieht wie ein dunkles Stückchen Rinde aus. Bei einer Störung jedoch, wie etwa einem Stups mit dem Finger oder Schnabel, senkt sie den Kopf, hebt die dunklen Flügeldecken und zeigt die glänzende Oberseite ihres Hinterleibs mit den verblüffenden blauen, roten und schwarzen Streifen. Die ›grelle Botschaft‹ warnt den Angreifer, dass der Träger der leuchtenden Farben alles andere als eine schmackhafte Mahlzeit abgeben würde.

ganz oben und oben Vorher und nachher: Die australische Heuschrecke *Acripeza reticulata* zeigt sich in ihrer Warnfärbung.

Die afrikanischen Drakensberge

Die am östlichen Rand Südafrikas gelegenen Drakensberge sind zwar für afrikanische Maßstäbe nicht sonderlich hoch, besitzen jedoch trotzdem eine spezielle Gebirgsfauna, die im Tiefland nicht anzutreffen ist. Besonders zahlreich vertreten sind dort die Blüten und Blätter fressenden Blatthornkäfer. Viele von ihnen, so auch der *Diathermus tomentosus*, tragen einen dichten Pelz aus schützenden Härchen. Die Männchen des Dungkäfers *Popillia bipunctata* finden sich oft auf einer Blüte zu einem dichten Pulk zusammen. Sie alle ›stapeln‹ sich auf einem einzigen Weibchen und streiten darum, der Erste bei der Paarung zu sein. Wie bei anderen *Popillia*-Arten lässt sich das Weibchen lange bitten und hält die begierigen Männchen tagelang hin, bevor es schließlich dem glücklichen Gewinner nachgibt.

In den Drakensbergen sind außerdem mehrere spektakuläre Heuschreckenarten wie etwa die Spezies *Dictyophorus spumans* heimisch. Fühlt sich dieses vergleichsweise große Tier bedroht, hebt es die eher stummeligen Deckflügel und entblößt seinen grellen schwarz, gelb und rot gestreiften Hinterleib. Um die Warnbotschaft noch zu verstärken, streckt die Heuschrecke oft zusätzlich ihre schwarzroten Hinterbeine in die Höhe. Bei Berührung verströmt

ganz oben Zwei Käfer der Art *Anisonyx lepidotus* in den Drakensbergen.

oben Der Rosenkäfer *Popillia bipunctata* frisst eine Blüte in Südafrika.

unten und rechts Sommer in den südafrikanischen Drakensbergen.

oben Die Heuschrecke *Dictyophorus spumans* zeigt zur Abschreckung ihre Warnfarben.

rechts Der pelzige Blatthornkäfer *Diathermus tomentosus* in Südafrika.

unten rechts Der prächtige Augenfalter *Aeropetes tulbaghia*.

sie, wie viele dieser großen, bunten afrikanischen Arten, außerdem einen fürchterlichen Gestank. Doch trotz all dieser Verteidigungsmechanismen passiert es schon mal, dass ein Vogel seinen Angriffsversuch nicht schnell genug abbricht und einem Tier die Deckflügel zerfetzt. Auf dem wenig appetitlichen Speiseplan der Heuschrecke selbst stehen stachelige Aloeblätter, die wegen ihres beißenden Saftes von den meisten Tieren nicht angerührt werden.

Die meisten Schmetterlinge der Drakensberge zählen zu den eher farblosen Augenfaltern. Eine schillernde Ausnahme bildet der wunderschöne Augenfalter *Aeropetes tulbaghia*, der häufig die röhrenartigen Blüten der Fackellilien anfliegt.

EIN NEUER BERGFALTER

Die Anden sind nicht unbedingt der ideale Ort für die Suche nach Insekten, doch sie bergen noch manch glückliche Überraschung. So entdeckte der Autor in Bolivien diesen schönen Falter in einer Höhe von etwa 4000 Metern. Das Tier saß im hellen Tageslicht auf der weiß-wolligen Spitze eines *Oreocereus trollii*-Kaktus. Der Falter scheint nicht nur der Vertreter einer vormals unbekannten Art, sondern sogar einer neuen Gattung zu sein. Nicht viele Insektensammler finden den Weg in die bolivianischen Anden, und vermutlich lassen sich dort noch weitere faszinierende Entdeckungen machen.

oben Dieser vormals unbekannte Falter wurde vom Verfasser dieses Buches in den bolivianischen Anden entdeckt.

SCHMETTERLINGS-PENDANTS

Das Purpurwidderchen (*Zygaena purpuralis*) ist in den europäischen Bergen das am weitesten verbreitete Mitglied der Widderchen-Familie (Zygaenidae). Sein Pendant in den Anden heißt *Cyanotricha bellona* und gehört zur Familie der Dioptidae. Beide Falter ernähren sich tagsüber an Blüten, sind recht träge und tragen Warnfarben. Das Purpurwidderchen ist sehr giftig, denn wie alle Widderchen enthält es eine beträchtliche Dosis hochgiftiger Blausäure.

oben Ein Purpurwidderchen (*Zygaena purpuralis*) in den französischen Alpen.

rechts Der Falter *Cyanotricha bellona* in den peruanischen Anden.

2 LEBEN IN DER WÜSTE

Jede Wüste ist anders, und darüber, was diese Landschaftsform genau ausmacht, besteht wenig Einigkeit. Die weithin wohl anerkanntesten Bestimmungsmerkmale für eine Wüste sind lang ausbleibende Regenfälle und hohe Sommertemperaturen. Doch innerhalb dieses Definitionsrahmens gibt es sehr unterschiedliche Wüstenformen – von den weiten, trockenen Mondlandschaften der Atacama-Wüste in Chile bis zu den unglaublich tier- und pflanzenreichen Hügellandschaften der Sonora-Wüste in Mexiko und dem Südwesten der USA. Eines jedoch ist sicher: Viele Wüsten sind alles andere als unbelebtes Ödland. Dies zeigt sich vor allem nach einem Sommerregen, wenn eine aufregende Fauna zum Leben erwacht, allen voran unzählige Insekten, Spinnen und andere Gliedertiere.

links Der gold-gesprenkelte Prachtkäfer *Julodis humeralis* zeigt sich nach einem Regenfall in der Kalahari-Wüste.

rechts Ein zur Verteidigung zusammengerollter Riesentausendfüßer. Kalahari-Wüste.

Die Wüsten im Süden Afrikas

Im Süden Afrikas gibt es viele verschiedenartige Wüsten, darunter die Kalahari, das Namaqualand und die ebenso eigenartige wie einzigartige Namib. In der Kalahari-Wüste, einem Paradies für Großwild-Enthusiasten, wimmelt es nicht gerade von Gliedertieren. Zu sehen sind dort in erster Linie Heerscharen von riesigen schwarzen Tausendfüßern, die sich durch den roten Sand schlängeln, und einige leuchtend bunte Prachtkäfer-Arten, die in der Rinde der Akazienbäume ihre Eier ablegen.

Das Namaqualand umfasst den nordwestlichen Teil der Kaphalbinsel. Im Frühjahr erblüht hier ein leuchtender Wildblumenteppich, begleitet von ganzjährig blühenden Sukkulenten, die wie Kieselsteine aussehen. Große Teile der Namaqualand-Wüste bestehen aus Gesteinsschichten aus kristallinen, vielfarbig funkelnden Quarzitfelsen, die von breiten Bändern weißer Quarzkiesel und weiten Flächen roter Sandböden durchzogen sind. Da Gestein und Sand die Landschaft bestimmen, heißt Überleben für viele der hier beheimateten Gliedertiere, sich möglichst gut als Stein zu tarnen. So ahmen mehrere Heuschrecken-Arten der Gattung *Lamarckinana* die Streifenmuster des Quarzitgesteins nach. Der faszinierende *Trachypetrella anderssonii* geht noch einen Schritt weiter; seine Tarnung ist so perfekt, das man ihn jederzeit für einen Quarzbrocken halten würde. Dabei passt er seine Färbung exakt dem jeweiligen Untergrund an: Auf hellem Quarz leuchtet er weiß, und auf schwarzen Felsnasen gleich nebenan ist er tiefschwarz.

Einige Wüstenkäfer wie zum Beispiel der große *Brachycerus tauriculus* sehen nicht nur aus wie Felsen, sie sind auch fast so hart. Wie die meisten Rüsselkäfer zieht er bei Gefahr die Beine ein und lässt sich auf den Boden fallen, wo er – bewegungslos bleibend – wie ein Stein aussieht. Der Schwarzkäfer *Hyboproctus* hat noch seltsamere Gewohnheiten. Er kauert ungeschützt auf flechtenbewachsenen Felsen und verlässt sich dabei ganz auf sein buckliges Äußeres, das ihn perfekt mit seiner Umgebung verschmelzen lässt. Andere Schwarzkäferarten wie *Somatichus* und *Eurychora* sind da viel mobiler; sie krabbeln den größten Teil des Tages durch die glühende Hitze auf der Suche nach Nahrung oder einem Partner. Als Schutz gegen die Sonne aber auch gegen den gierigen Blick ihrer Feinde bedecken sie ihren Rücken mit einem Häufchen Wüstensand.

Der Schwarzkäfer *Psammodes* nutzt Steine auf ganz andere Art. Während der Balz klopft das Männchen mit der Spitze seines

links *Lamarckiana*-Heuschrecken imitieren den gestreiften Quarzit der Wüstenregion Namaqualand perfekt.

ganz oben *Trachypetrella anderssonii* ist der Meister der Steintarnung unter den Heuschrecken des Namaqualands.

oben Der Rüsselkäfer *Brachycerus tauriculus* in normaler Haltung (links) und sich tot stellend (rechts).

hornigen Hinterleibs gegen einen Stein und erzeugt dabei ein schnelles und durchdringendes ›tok, tok, tok, tok‹, um so in der kargen Landschaft eine weit entfernte Partnerin anzulocken.

Obwohl Großvegetation im Namaqualand spärlich ist, wachsen hier und da kleine Bäume, vor allem Akazien, auf denen die Heuschrecke *Terpnistria zebrata* zu Hause ist. Ihr Muster – weiße Streifen auf dunkelgrünem Grund – passt sich perfekt in das Hell-Dunkel-Spiel der Akazienblätter ein. Wenn die Bäume sterben oder alt werden, werfen sie Zweige und kleine Äste ab, die wiederum von den Stabheuschrecken meisterhaft imitiert werden. Außerdem bieten die Akazien Brutplätze für Bockkäfer wie den auffallend gezeichneten *Zographus oculator*, der nach Regenfällen vermehrt auftritt. Dann sind auch häufig Schwärme von braungeäderten Weißlingen der Art *Belenois aurota* unterwegs, die dem Regen quer durch die Wüsten Südafrikas hinterher ziehen. Sie besitzen ein geradezu unheimliches Talent dafür, immer dann aufzutauchen, wenn es nach einem Regen überall saftig sprießt – ein perfekter Platz für Schmetterlinge und ihre hungrigen Raupen.

Die Namib ist ein langer schmaler Landstrich entlang der Südwestküste Afrikas. Obwohl sie die trockenste der afrikanischen

ganz oben Ein Käfer der Art *Eurychora* mit sandbedecktem Rücken.

oben Ein Psammodes-Käfer.

rechts oben Die Streifen der Schrecke *Terpnistria zebrata* verschmelzen optisch mit den Akazien, auf denen das Insekt lebt.

rechts unten Braungeäderte Weißlinge der Art *Belenois aurota* trinken am feuchten Boden in der Kalahari-Wüste.

nächste Seiten Eine Stabheuschrecke im Namaqualand.

Wüsten ist, sind die rötlichen Sanddünen und silbrigweißen Quarzitebenen der Namib etwa zwei Drittel des Jahres in dichten Nebel gehüllt. Dieser feuchte Dunst, der durch den kalten küstennahen Benguela-Strom entsteht, reicht allerdings nicht für eine dauerhafte Vegetation. Und doch findet man überall Insekten und andere Kleintiere. Was fressen sie also? Die Antwort liegt weit entfernt im Landesinnern, wo ein weniger trockenes Klima herrscht. Von dort bläst der Wind beständig vertrocknete Blätter und ähnliches seewärts in die Wüste hinein, und dieses Material bildet die Lebensgrundlage für viele der dort lebenden Krabbeltiere.

Die markantesten Insekten der Namib sind die mit über 200 verschiedenen Arten außergewöhnlich stark vertretenen Schwarzkäfer, von denen die meisten bisher nirgendwo anders beobachtet wurden. Ihre Zickzack-Spuren auf der glatten Oberfläche der Sanddünen erinnern an die Linien einer außer Kontrolle geratenen Miniatureisenbahn. Wohin man schaut, überall sieht man kleine glänzend schwarze Formen über den Sand trippeln. Einige

links Der Bockkäfer *Zographus oculator* im Namaqualand.

ganz oben Schwarzkäfer scharen sich um eine tote Heuschrecke in der Namib-Wüste.

oben Eine typische Landschaft der Namib-Wüste.

oben Der *Someticus bohemani* ist einer der auffälliger gefärbten Schwarzkäfer der Namib-Wüste. Anders als die meisten seiner zahlreichen Verwandten lebt er auf ungeschützten Felsnasen.

links Ein Schwarzkäfermännchen der Art *Lepidochira discoidalis* trottet unermüdlich hinter einem Weibchen her.

rechts oben (rechts und links) Einer der kleineren Namib-Schwarzkäfer, *Stips dohri,* verschwindet im Sand.

rechts unten *Cauricara eburnea* ist einer von mehreren langbeinigen weißen Schwarzkäfern, die auf den Quarzebenen der Namib-Wüste leben.

›hochfrisierte‹ Arten laufen auf langen Stelzenbeinen, damit der Körper nicht mit dem heißen Sand in Berührung kommt. Außerdem scheinen sie stets paarweise oder sogar im Trio aufzutauchen, und man fragt sich warum. Des Rätsels Lösung ist, dass sich die meisten Namib-Schwarzkäferweibchen den Männchen gegenüber sehr distanziert verhalten. Die Männchen der Art *Onymacris rugatipennis* verbringen ein Fünftel des Tages damit, hinter einem Weibchen herzutrotten, nur um bei Sonnenuntergang zur Stelle zu sein, wenn sich das Weibchen für die Nacht im Sand vergräbt und sich mit dem nächstbesten Männchen paart. Doch bei der gewaltigen Konkurrenz ist es nicht leicht, dieser Nächstbeste zu sein, so dass häufig Ringkämpfe darüber entscheiden, wem ein bestimmtes Weibchen ›gehört‹. Die Männchen einer anderen Spezies haben es sogar noch schwerer – ihre Weibchen sind nur gelegentlich paarungswillig. Den Männchen bleibt nichts anderes übrig, als sich den ganzen Tag an ihre Fersen zu heften in der Hoffnung, dass es bald so weit ist. Die Armen gönnen sich nicht einmal eine Stärkung, wenn das Weibchen anhält, um zu fressen. Aus lauter Angst, ein Rivale könnte ihnen dazwischenfunken, bleiben sie lieber hungrig.

Die meisten dieser Käfer rasten nicht einmal, um zu trinken. Wenn die Sonne zu sehr brennt, graben sie sich in den Sand ein, wo die Temperaturen teilweise um die Hälfte niedriger sind als an der Oberfläche. Dürre Blätter scheinen als Feuchtigkeitsquell zwar nicht sehr viel versprechend, doch bei der Verdauung des Materials wird etwa die Hälfte seines ursprünglichen Wasseranteils frei gesetzt. Einige Käfer machen sich den häufigen Nebel zu Nutze,

indem sie auf dem Kamm der Dünen spezielle Kanäle in den Sand bauen. Darin sitzen sie kopfüber, den Rücken dem Meer zugewandt, so dass der hereinziehende Nebel an ihrem Körper kondensiert und das Wasser zur Mundpartie hinuntertröpfelt. Andere Schwarzkäfer sind mit einer Art Wachsschicht versiegelt, die den Wasserverlust reduziert und die Sonnenstrahlen reflektiert. Die Bewohner der blendend weißen Quarzebenen sind selbst häufig weiß gefärbt, wodurch ebenfalls eine zu große Aufwärmung verhindert wird.

Ein anderes häufig in den Dünen anzutreffende Insekt ist die weiße haarige Ameise *Camponotus detritus*. Das Leben in der Namib ist so hart, dass sie anders als ihre Verwandten keine Futtervorräte in ihren Nestern anlegt. Pausenlos durchforstet sie die Dünen nach allem auch nur halbwegs Essbaren, einschließlich Samen, toten Insekten und sogar Vogel- und Eidechsenkot. Außerdem zapft sie den so genannten Honigtau ab, den verschiedene Schildlausarten, die auf manchen der robusten Dünengräser leben, ausscheiden. Nach Einbruch der Dunkelheit verlassen die *Comicus*-Grillen ihre Erdröhren, um zu fressen. Sie haben große Strandschuh-artige, haarige Füße, die es ihnen ermöglichen, auf dem Treibsand zu laufen.

An einigen wenigen Stellen ist die karge Sandlandschaft der Namib mit den breiten, blassgrünen Blättern der merkwürdigen Pflanze *Welwitschia mirabilis* getupft. Die prallen zapfenartigen Blütenstände der zähen Pflanze sind oft mit bunten Scharen der

Feuerwanze *Probergrothius sexpunktatus* bedeckt. Wie die meisten Vertreter ihrer Familie sind sie in allen Entwicklungsstadien auffällig gefärbt, und auf dem Rücken der orangefarbenen Nymphen erkennt man deutlich die drei tiefschwarzen Stinkdrüsenöffnungen.

oben Nymphen und Imagines der auf der *Welwitschia mirabilis* lebenden Feuerwanzen *Probergrothius sexpunctatus* sind auffällig gefärbt.

unten Wenn sich Arbeiterinnen aus verschiedenen Nestern der Ameise *Camponotus detritus* auf ihren Beutezügen begegnen, töten sie einander nach Möglichkeit.

Wüsten der Neuen Welt – die Atacama

Wie die Namib ist auch die Atacama-Wüste in Chile ein küstennaher schmaler Wüstenstreifen mit nur wenig Niederschlag. Doch auch hier bringt ein kalter Meeresstrom, der Humboldt, lebensrettenden Nebel, der die Temperatur zudem in erträglichen Grenzen hält. Viele Teile der Atacama zählen zu den trockensten Gebieten der Erde und haben noch nie einen Tropfen Regen gesehen, während sich andere Teile einer faszinierenden Flora erfreuen, zu der auch zahlreiche Kakteen zählen. Alle paar Jahre verwandelt der so genannte El Niño-Effekt mit seinen wolkenbruchartigen Regenfällen das Ödland in eine Schlammwüste – gefolgt von leuchtenden Wildblumenteppichen, die alsbald aus lange schlummernden Samen aufkeimen.

In trockenen Jahren (also die meiste Zeit) sind hier relativ wenig Insekten zu sehen. Einige verbringen die mageren Zeiten als Eier oder Puppen, andere, wie die Bienen, verschlafen die Dürre in einem Zustand vorübergehender Leblosigkeit im Boden. Sobald dann der Regen kommt, ist die Vegetation, die innerhalb weniger Tage emporschießt, plötzlich mit Tausenden von knallbunten Schwärmerraupen geschmückt, und Bienen schwirren geschäftig über dem unendlichen Blütenmeer. Die unverwüstlichen Kakteen hingegen bringen jedes Jahr Blüten hervor und bieten einigen jährlich wiederkehrenden Bienen und Fliegen eine ausreichende Ernte. Einige der eindrucksvollen *Copiapoa*-Kakteen sind zudem unfreiwillige Nahrungslieferanten für den Prachtkäfer *Ectinogonia buqueti*. Dessen Larven bohren Löcher durch den weichen Kern der Sukkulenten, so dass eine schwarze Flüssigkeit aus den geschädigten Stellen austritt.

Schwarzkäfer kommen in der Atacama viel seltener vor als in der Namib, da hier die schützenden Geröllandschaften fehlen. Die spärliche Vegetation reicht normalerweise gerade aus, um ein paar schwarze und weiße *Gyriosomus luczoti* zu ernähren. Mehrere Arten von Pseudomeloe-Blasenkäfern fressen, was die karge Vegetation hergibt, häufig sogar Salzpflanzen, die das ganze Jahr über in tief eingeschnittenen salzreichen Wasserläufen wachsen.

links Kakteen der Art *Copiapoa cinerea* sind in der Atacama-Wüste stark verbreitet.

oben Blattschneiderbienen sind gute Bestäuber der *Copiapoa*-Kakteen. Chile.

links Wegen ihrer langen Beine eignet sich die Schwebfliege *Copestylum concinnum* weniger gut zur Bestäubung der Kaktusblüten. Chile.

unten Dieser *Ectonogonia buqueti*-Prachtkäfer hat sich als Larve wahrscheinlich durch das Innere des *Copiapoa cinerea*-Kaktus gegraben. Chile.

rechts oben Der *Gyriosomus luczoti* ist eine der auffälliger gezeichneten Arten der zahlreichen Atacama-Schwarzkäfer. Chile.

rechts unten Ein *Pseudomeloe*-Blasenkäfer in der chilenischen Atacama-Wüste.

Weitere Wüsten der Neuen Welt

Auf dem amerikanischen Kontinent erstrecken sich Wüstenregionen von Patagonien, dem südlichsten Teil Südamerikas, bis nach British Columbia im hohen Norden. Innerhalb dieses Gebiets treten verschiedene Wüstenformen auf, die sich in Topographie, Vegetation, Temperatur und Trockenheit voneinander unterscheiden. Das heißeste und biologisch ärmste Trockengebiet des Nordens ist die Mojave-Wüste im westlichen Arizona und benachbarten Kalifornien und Nevada. Östlich und südlich davon liegt die ungleich reichere Chihuahua-Wüste, eine weite, von Bergen und Becken durchzogene Wildnis, die sich vom US-Bundesstaat Texas bis nach Mexiko ausdehnt. Zwischen beiden erstreckt sich die Sonora-Wüste vom südlichen Arizona bis nach Mexiko. Mit ihren Riesenkaktuswäldern und wild wachsenden Pflanzen ist sie von überwältigender Schönheit.

Viele der südamerikanischen Wüsten liegen über 2000 Meter hoch in den Anden und fallen damit eher unter Berglandschaften als unter Wüsten. Einzig Monte, ein relativ kleines Gebiet in Argentinien, hat hinsichtlich der Flora vieles mit den nördlichen Wüsten gemein, wenn auch nicht mit deren Insektenreichtum.

oben und unten Diese im April entstandenen Fotos der Sonora-Wüste zeigen die hohe Anzahl winterharter Pflanzen in dieser artenreichen Region. Wegen eines trockenen Winters blühen nur wenig Einjährige.

INSEKTEN UND KAKTEEN

In vielen amerikanischen Wüsten sind Kakteen das landschaftsbestimmende Merkmal. Anders als einjährige Pflanzen, die nur nach reichlich Regen wachsen und blühen, sind die Kakteen immer da und blühen zuverlässig jedes Jahr. Daher leben mehrere Lederwanzenarten ausschließlich auf und von Kakteen. In den Anden bewohnen die seltsamen Rüsselkäfer *Huarucus* die dicht behaarten Stämme des *Espostoa*-Kaktus. Einige Kaktusblüten wie die des Igelsäulenkaktus (*Echinocereus*) halten sich viele Tage. Sie sind bevorzugte Hinterhalte für Raubwanzen der Gattung *Apiomerus*, die geduldig am Pollenteppich ausharren, um sich auf unvorsichtige Bienen zu stürzen. Manche Bienen besuchen ausschließlich Kaktus-

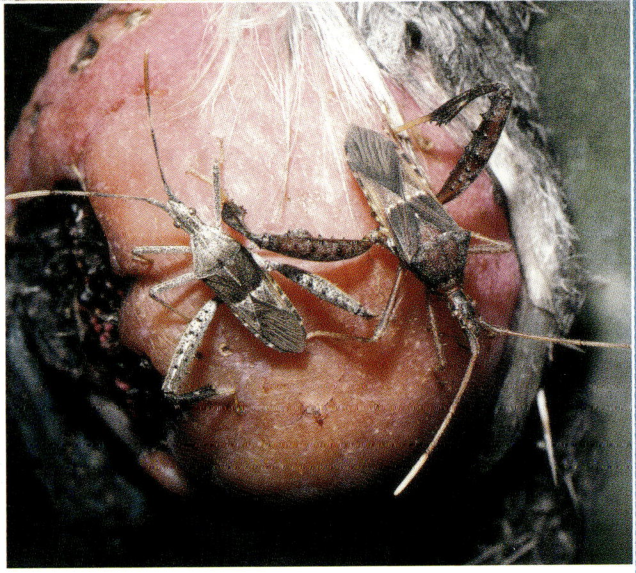

ganz oben Die Wanze *Chelinidia tabulata* lebt nur auf Kakteen.

oben Die Lederwanze *Narnia inornata* auf einer Frucht des *Pilosocereus*-Kaktus in Mexiko.

blüten: Die Art *Lithurge echinocacti* beispielsweise wird besonders von Barrel-Kakteen angezogen, deren großzügige Blütenstaubproduktion es den kleinen Weibchen ermöglicht, von einer einzigen Blüte eine volle Ladung Pollen zu sammeln. Die Drohnen warten unterdessen auf den Blüten und machen den arbeitenden Weibchen das Leben schwer, indem sie versuchen, sich mit ihnen zu paaren.

Große, überreife Kaktusfrüchte werden von zahlreichen Schmetterlingen und vor allem von Ameisen aufgesucht, für die diese Pflanzen mitunter eine lebenswichtige Feuchtigkeitsquelle darstellen. Die Ameisen reißen die Früchte auf, trinken den süßen Saft und holen den Samen heraus, den sie in ihre Nester bringen. Da auf ihrem Weg so manches Samenkorn liegen bleibt, tragen die Insekten gleichzeitig zur Verbreitung dieser Pflanzen bei. Bei einigen südamerikanischen Kakteen findet man kaum eine Frucht, deren Samen nicht vollständig von Ameisen geplündert wurden. Solche Effizienz ist keineswegs überraschend: Viele Ameisenarten, wie etwa die Rossameisen (*Camponotus*), geben einen Duftstoff (Pheromon) ab, der neue Soldaten herbeieilen lässt, um bei der Arbeit zu helfen.

oben *Narnia*-Lederwanzen paaren sich auf der Frucht eines Feigenkaktus. Arizona.

rechts oben Eine Kaktusblüte ist der perfekte Hinterhalt für die Raubwanze *Apiomerus spec.*, die sich neben dem Kadaver einer Agapostemon-Biene niedergelassen hat. Neumexiko.

rechts unten Die flammendroten Blüten des Barrel-Kaktus *Ferocactus wislizeni* sind der Schauplatz eines Kampfs zwischen Drohnen der Art *Lithurge echinocacti*. USA.

Der große Säulenkaktus ist ein Lieblingsnistplatz der Wespen, die den Schutz, den die Stacheln bieten, zu schätzen wissen. Das papierähnliche Nest der Feldwespen (*Polistes*) ist mit dem Kaktus durch einen dünnen Stiel verbunden, der deutlich erkennbar mit einer glänzenden schwarzen Substanz überzogen ist. Bei dieser handelt es sich um ein Hinterleibssekret der Wespen, das zur Verstärkung des Stils regelmäßig aufgestrichen wird. Es dient außerdem dazu, das höchst empfindliche Nest gegen ein Eindringen von Ameisen zu schützen, die diese schwarze Substanz äußerst abstoßend finden.

links oben Die Frucht eines Feigenkaktus wird von *Aphaenogaster*-Ameisen geplündert. Chihuahua-Wüste.

links unten *Camponotus*-Rossameisen fallen über die Frucht eines Feigenkaktus her. Mexiko.

oben Riesenkakteen sind beliebte Nistplätze für Feldwespen. Dies sind *Mischocyttarus immarginatus* auf ihrem kleinen Nest. Mexiko.

nächste Seite Bei diesem neugebauten ›Papiernest‹ von *Polistes instabilis* ist der glänzend schwarze Verbindungsstiel zum Feigenkaktus deutlich erkennbar. Mexiko.

Wüstenjuwelen

Charakteristisch für die Sonora- und Chihuahua-Wüste ist der hohe Anteil an grellbunten Insekten, die auf den vielen giftigen und übel schmeckenden Pflanzen dieser Region leben. Solche eigentlich als ›Selbstschutz‹ gedachten Eigenschaften dieser Pflanzen funktionieren nur bedingt, da manche Insekten rasch lernen, mit den Abwehrmechanismen fertig zu werden, ja sie sogar für eigene Verteidigungszwecke einzusetzen. Die in den Wüsten weit verbreiteten Arten der Wolfsmilchgewächse und der Nachtschattengewächse werden von allen Tieren gemieden – außer von winzigen Spezialisten: Die Wolfsmilchgewächse sind die Heimat von Dutzenden leuchtend roter und orangener Insekten, die auf unterschiedliche Art mit dem bitteren Milchsaft in den Blättern und Stängeln der Pflanzen umgehen. So unterbrechen die Raupen des Monarchfalters (*Danaus plexippus*) häufig die Milchsaftzufuhr zu dem Blatt, das sie fressen wollen, indem sie einen Kanal in den Stiel beißen, so dass das Blatt abknickt und der Saft nicht weiterfließen kann. Die riesigen dunkel gefärbten Imagines verschiedener *Pachylis*-Lederwanzen verteidigen sich, indem sie ihrem Feind ihr Hinterteil zukehren und ihn mit einem kräftigen Strahl giftiger Flüssigkeit bespritzen. Die Nymphen bilden auf den Trieben und Zweigen verschiedener Pflanzen kleinere Gruppen in spektakulären Warnfarben.

Die auffällig bunt gezeichneten Heuschrecken der Art *Dactylotum* hocken im Spätsommer oft zu Hunderten auf dem Boden oder auf niedrigen Pflanzen. Da sie nicht schnell vor Feinden fliehen müssen, sind sie flügellos und bewegen sich langsam und schwerfällig auf der Erde. Der schöne rot und gelb gezeichnete *Perixerus laevis* aus Südmexiko ist ebenfalls flügellos, wie viele der größeren Riesenheuschrecken, die sich darauf verlassen, bei Gefahr einen widerlichen Schaum auszustoßen. Heuschrecken der Art *Neobarrettia* schnappen heftig zu und reagieren auf Belästigung mit Aufschlagen ihrer kräftig getupften Flügel. In dieser Pose verharren sie einige Sekunden, bis die Bedrohung vorüber ist.

Spinnenameisen wehren sich durch einen Stich, der äußerst schmerzhaft ist. Die meist dicht behaarten Weibchen huschen unermüdlich über den Wüstenboden auf der Suche nach einem

unten Das Männchen der Lederwanze *Sagotylus confluentus* (links) hat viel dickere Beine als das Weibchen; wahrscheinlich werden sie im Ringkampf mit Rivalen eingesetzt. Mexiko.

Wespen- oder Bienennest, in das sie ihre Eier legen können. Die meisten Spinnenameisen-Arten wachsen als Parasiten heran und nähren sich von den Futtervorräten, die ihr Wirt für die eigene Brut eingesammelt hat. Die stachellosen, geflügelten Männchen sind sehr viel größer als die Weibchen. Die Begattung geschieht im Flug, wobei das Weibchen vom Männchen getragen wird.

links Eine Gruppe bunt gefärbter Nymphen, hier der Lederwanze *Sagotylus confluentus*, hat auf Fressfeinde eine abschreckende Wirkung. Mexiko.

ganz oben Eine Heuschrecke der Gattung *Dactylotum* in Mexiko.

oben Bei Berührung zeigt das Schreckenmännchen *Neobarrettia vannifera* seine leuchtend gezeichneten Hinterflügel. Mexiko.

oben Auf den Salzebenen Utahs untersucht ein Spinnenameisen-Weibchen der Art *Pseudomethoca propinqua* den Eingang zum Nest seines Wirts, der Sandwespe *Ammophila aberti.*

links und unten links Der prächtige Buntkäfer *Trichodes ornatus bonnevillensis* tritt in zwei Farbvarianten auf. USA.

rechts *Pachylis*-Nymphen in spektakulären Warnfarben. Mexiko.

nächste Seiten Wenn dieses Heuschrecken-Männchen der Art *Neobarrettia vannifera* in der Vegetation rastet, ist es kaum zu sehen. Mexiko.

Einige Arten der meist prächtig gefärbten Buntkäfer sind in den Wüsten Nordwestamerikas recht verbreitet. Man findet sie für gewöhnlich auf Blumen, wo sie sich von Pollen und kleineren Insekten wie etwa Pflanzensaugern ernähren. Einige Buntkäferarten zeichnen sich im Larvenstadium durch ein besonderes Verhalten aus, dem sie den Beinamen ›Bienenwolf‹ verdanken: Die Tiere legen ihre Eier auf Blumen ab, von wo aus sich die geschlüpften Larven an Bienen oder Wespen anhängen, als blinde Passagiere in deren Nester gelangen und sich dort über die Larven hermachen.

WÜSTENTARNUNG

Während giftige oder ekelig schmeckende Insekten ihre Ungenießbarkeit durch ihre leuchtenden Farben signalisieren, müssen wohlschmeckende Tiere unauffällig aussehen. Wie in den afrikanischen Wüsten besitzen auch mehrere Heuschreckenarten Amerikas eine ausgezeichnete steinähnliche Tarnung. Die plumpe Riesenschrecke *Phrynotettix* zum Beispiel ist auf Steinböden völlig unsichtbar, solange sie sich nicht bewegt. Andere Heuschrecken ähneln flechtenbewachsenen Felsen oder sind wie die Heuschrecke *Cibolacris parviceps* der Farbe des Wüstenbodens angepasst. Tagsüber ruht dieses Tier unauffällig auf der Erde und klettert nachts zum Fressen in Kreosotsträucher (*Larrea tridentata*), ihre einzige Nahrungsquelle. Die Heuschrecke *Bootettix argentatus* verbringt auch die Tagstunden auf diesen Sträuchern, wo ihre Färbung perfekt mit den dunkelgrünen Blättern harmonisiert.

Einer der ungewöhnlichsten Bewohner des heißen Wüstenbodens ist der Eulenfalter *Forsebia perlaeta*, dessen Färbung die Felsen und Steine, auf denen er sich am Tag ausruht, imitiert. Ein Ver-

ganz oben Eine Heuschrecke der Art *Bootettix argentatus* auf ihrer Futterpflanze in Mexiko.

oben Frühling in der Sonora-Wüste: eine perfekt getarnte Heuschreckennymphe beim Sonnenbad auf einem flechtenbewachsenen Fels.

rechts oben Die Heuschrecke *Cibolacris parviceps* integriert sich optisch ausgezeichnet in den Wüstenboden. USA.

rechts unten Diese *Phrynotettix-Riesenschrecke* in der Sonora-Wüste sieht aus wie ein Stück Kalkstein. Solange sie sich nicht bewegt, ist sie nicht zu erkennen.

wandter, der Eulenfalter *Schinia masoni*, sitzt tagsüber auf den Blütenköpfen rot-gelber Gänseblümchen, wo er sich so platziert, dass sich seine gelbe Vorderpartie über den gelben äußeren Blütenblättern befindet und die rötlichen Flügel ins rote Blüteninnere ragen.

Die Lederwanze *Mozena lunata* lebt in den Wüsten Zentralmexikos auf Mimosen, deren leiterartige Blätter mit den afrikanischen Akazien vergleichbar sind. Und siehe da: die *Mozena*-Nymphen sind zur Tarnung ähnlich gestreift wie die afrikanische Heuschrecke *Terpnistria zebrata* – dasselbe Problem, dieselbe Lösung! Bei den geschlechtsreifen Wanzen fehlen diese Streifen, doch sie sind auch nicht auf eine einzige Futterpflanze beschränkt und können außerdem wegfliegen, wenn ein Feind naht.

oben Der Eulenfalter *Forsebia perlaeta* ruht tagsüber auf dem Wüstenboden. USA.

links Der Falter *Schinia masoni* in seiner charakteristischen Ruhepose auf einer Wüstenblume in Arizona.

nächste Seite Ihre Streifen machen diese Lederwanzen-Nymphe der Art *Mozena lunata* auf ihrer Futterpflanze, der Mimose, nahezu unsichtbar. Mexiko.

Jäger der Wüste

Spinnen sind in den amerikanischen Wüsten normalerweise nicht so stark verbreitet. Die größeren Kugelspinnen kommen sogar relativ selten vor, weil für diese Tiere der Sommer auf ihren exponierten Nestern wohl zu heiß ist. Die meisten Wüstenspinnen leben in Bodennähe, einige Arten wie die Tarantel *Aphonopelma* halten sich in der Erde auf. Sie lösen das Hitzeproblem, indem sie sich tagsüber in ihre tiefen, kühlen Wohnröhren zurückziehen und erst nachts herauskommen, um den rasch abkühlenden Wüstenboden nach Futter abzusuchen. In manchen Sommernächten sind Hunderte von Männchen unterwegs, um die weitaus weniger abenteuerlustigen Weibchen in ihren Erdröhren aufzusuchen. Bei der Paarung hält das Männchen die Fänge des Weibchens mit speziellen Spornen an seinen Vorderbeinen offen. Die Nahrung dieser großen Spinnen besteht aus Insekten, Eidechsen und anderen Kleintieren. Viele kleinere Spinnenarten verbringen ihr gesamtes Leben unter Steinen oder Holzstücken. Das samtene schwarze Weibchen der Spinne *Kukulcania arizonica* bewacht ihren Eikokon in einer Gespinströhre, die unter einen Stein oder in eine Mauerspalte führt. Zahlreiche Spinnfäden verlaufen strahlenförmig von der Öffnung der Röhre nach außen und bilden ein Fangnetz für krabbelnde Beutetiere.

Die breiten, direkt über dem Boden angebrachten Gespinstteppiche der Trichterspinne *Agelenopsis aperta* sind in vielen Wüstengebieten ein vertrauter Anblick. Wenn die Temperaturen in extremen Lebensräumen wie auf steinigen Lavadecken unerträglich werden, wandern die Spinnen in benachbarte Grasflächen aus. Der Gespinstteppich mit seinen Stolperfäden ist eine tückische Falle für hüpfende Insekten wie Heuschrecken, während die Spinne selbst mühelos darüber laufen kann.

unten Die Spinne *Kukulcania arizonica* bewacht ihren Eikokon.

oben Eine Trichterspinne der Art *Agelenopsis aperta* in der Öffnung ihrer Gespinströhre. USA.

rechts Das Weibchen der Tarantel *Aphonopelma chalcodes* sieht sehr eindrucksvoll aus. USA.

Die Springspinnen sind trotz der Sommerhitze ausgesprochen aktive Tiere. Im Gegensatz zu den unscheinbaren Weibchen sind die Männchen oft leuchtend orange- oder karmesinrot gefärbt. Sie führen komplizierte Balztänze auf, bei denen sie mit ihren Beinen und Palpen eine Abfolge attraktiver und komplexer Bewegungen vollführen. Springspinnen sind ausgezeichnete Räuber und können Insekten erlegen, die weitaus größer sind als sie selbst, darunter Heuschrecken und sogar kleine Libellen.

Nach Sommerregenfällen kann man manchmal zahllose knallrote Sammetmilben kreuz und quer über den Wüstenboden laufen sehen. Die geschlechtsreifen Tiere fressen ausschließlich Insekten-

eier und tragen dadurch nicht unwesentlich dazu bei, die Zahl der einzelnen Populationen in Grenzen zu halten. In den frühen Entwicklungsstadien haften die Milben oft an den Beinen, Flügeln oder am Körper anderer Insekten und Spinnentiere – manchmal in so immenser Zahl, dass sie aussehen wie leuchtend rote Perlen.

Von allen Jägern der Wüste sind die Raubfliegen die flinkesten. Sie ergreifen ihre Beute im Stoßflug mit ihren bedornten Vorderbeinen und töten sie rasch, indem sie ihren dolchartigen Rüssel in den Nacken ihres Opfers stoßen. In den nordamerikanischen Wüsten leben Tausende verschiedene Raubfliegen-Arten, von denen *Efferia,* eine ziemlich lange, graue Fliege mit spitz zulaufendem Körper, die größte ist. Sie besitzt große, scharf blickende Augen und einen Knebelbart aus Borsten und Haaren, der die Augen der Fliege vor den Beinen der sich wehrenden Beutetiere schützt. Weibliche Raubfliegen legen ihre Eier oft im Boden ab, wo sich die räuberischen Larven vor allem von anderen Insektenlarven ernähren. Viele der größeren Raubfliegen machen Jagd auf stechende Insekten wie Honigbienen, die sich trotz ihres Stachels nicht wehren können.

Sandlaufkäfer sind wahre Sonnenanbeter und daher häufig in Wüsten zu finden. Obwohl die räuberischen Tiere auf ihren spin-

ganz oben Die Raubfliege *Efferia* hat einen Wollschweber erbeutet.

oben Sammetmilben kann man nach Regenfällen in der Wüste oft in großen Mengen beobachten. USA.

rechts Diese Springspinne hat eine Heuschreckennymphe erjagt. Arizona.

deldürren Beinen schnellfüßig sind, scheinen sie leichte Beute wie Ameisen zu bevorzugen, die sie mit ihren kräftigen sichelartigen Kiefern im Nu in Fetzen reißen. Die Larven tragen auf ihrem mageren kleinen Körper ein gewaltiges Kiefernpaar; sie sehen fast so aus, als ob sie nur aus Maul bestünden. Sie leben in senkrechten Erdlöchern und verschließen den kreisrunden Eingang mit ihren weitgespreizten Kiefern, so dass sie, wenn Beute naht, herausschnellen und zuschnappen können. Hin und wieder sieht man erwachsene Männchen, die mit ihren großen Kiefern ein Weibchen lange Zeit umklammert halten. Der Grund dafür ist, dass das Männchen nach der Paarung solange mit dem Weibchen in Kontakt bleiben muss, bis dieses seine Eier im Boden abgelegt hat. Selbst wenn das Weibchen seinen Legebohrer in die Erde führt, hält das Männchen es noch fest umspannt, um sicherzugehen, dass nicht noch im letzten Moment ein Rivale dazwischenfunkt und das Gelege befruchtet.

Wie alle Regionen der Welt mit kargen sandigen Böden sind auch die amerikanischen Wüsten von Sandwespen bevölkert. Die Weibchen schleppen große Schmetterlingsraupen, wie einen Torpedo unter den Körper geschnallt, zum Nest. Die lebende, durch Stiche lediglich paralysierte Raupe wird zum unfreiwilligen Frischfleischlieferanten für die sich entwickelnden Wespenlarven. Da Raupen in diesen trockenen Regionen schwer zu finden sind, bleiben einige Sandwespen-Weibchen, allen voran die auf den Salzebenen in Utah lebende *Ammophila abertii*, gleich in der Nähe der überfüllten Nistplätze und überfallen zurückkehrende Weibchen, um ihnen ihre Beute abzunehmen. Oft kommt es zu wütenden Kämpfen, wenn die Heimkehrerinnen versuchen, ihr rechtmäßiges Eigentum zu verteidigen. Derartiger Mundraub ist bei vielen Sandwespen, aber auch bei anderen solitär lebenden Wespen wie der südamerikanischen *Rubrica nasuta* durchaus an der Tagesordnung.

unten Der männliche Sandlaufkäfer *Cicindela oregona* bewacht ›sein‹ Weibchen. Arizona.

SAMMLER DER WÜSTE

Wenn die Nacht hereinbricht und die Wüste abkühlt, verlassen Hunderte von braun glänzenden großen *Orthophorus*-Tausendfüßern ihren Unterschlupf und klettern zum Fressen hinauf in die Sträucher. Wie die meisten Tausenfüßer stehen sie Feinden keineswegs hilflos gegenüber, sondern rollen sich eng zu einer Spirale zusammen und stoßen aus seitlichen Körperporen giftige Wehrstoffe aus. Die Abenddämmerung ist auch für viele Schmetterlingsraupen die Tageszeit, in der sie sich von ihren Ruheplätzen erheben. Die kalifornischen Wollraupen (*Malacosoma californicum*) sitzen tagsüber in uneinnehmbaren haarigen Massen auf einem breiten Gespinstzelt, das sie mit Hilfe ihrer in der Mundpartie befindlichen Spinndrüsen errichten. Oft befallen sie ihre Futterpflanze in so großer Zahl, dass sie im Frühjahr ganze Pappelhaine komplett kahl fressen. Geschieht dies in einem trockenen Jahr, erholen sich die Bäume nie wieder und sterben ab.

In den westlichen Wüsten sind relativ wenige Schmetterlinge heimisch, einige Arten jedoch sind wahre Wüstenspezialisten. So ist

ganz oben Der Würfelfalter *Apodemia mormo* gehört zur Familie der Riodiniden. Arizona, USA.

oben Diese Pappeln in Utah wurden von Tausenden von Wollraupen völlig kahl gefressen.

nächste Seiten In der Dämmerung klettern die Riesentausendfüßer *Orthophorus* in der Sonora-Wüste zum Fressen in die Sträucher.

der Würfelfalter *Apodemia mormo* regelrecht auf die Wüste beschränkt, genau wie einer der kleinsten Schmetterlinge der Welt, der *Brephidium exilis*. Seine Raupen leben auf verschiedenen nordamerikanischen Beifußarten, die für sämtliche Trockengebiete, von der Wüste bis zur Salzebene an der Küste, typisch sind. Andere Schmetterlinge sind da weniger wählerisch. Den weiß gestreiften Schwärmer *Hyles lineata* trifft man von der Ostküste bis zur Westküste in den unterschiedlichsten Lebensräumen an. Er zählt zu den wenigen Faltern, die man in den westlichen Wüsten am helllichten Tag vor Disteln ud anderen Blumen in der Luft stehen sieht. Da seine Raupen eine breite Palette von Futterpflanzen akzeptieren, wundert es nicht, dass er praktisch überall ein Zuhause findet, selbst im trockenen Südwesten.

Während Schwärmer verschiedene, vorwiegend langröhrige Blütenarten besuchen, beschränken sich einige Wüstenbienen auf ein oder zwei Spezies. Die kleinen schwarzen Weibchen von *Evylaeus galpinsiae* interessieren sich ausschließlich für die weißen oder gelben Blüten der in der Wüste weit verbreiteten Primeln. Sobald diese am frühen Abend die Wüstenluft mit ihrem Duft erfüllen, kommen die Bienen eilig herbei und arbeiten wie besessen, bis die Dunkelheit hereinbricht. *Nomia*-Bienen sind ebenfalls klein und schwarz und nisten in riesigen Ballungen in Salzpfannen. Ihr ungeheurer Fleiß und ihre große Zahl machen sie zu wichtigen Bestäubern. Für die Weibchen vieler Bienenarten gestaltet sich die unermüdliche Futtersuche allerdings oftmals schwierig, da sie ständig von glühenden Verehrern behelligt werden. Die Drohnen von *Protoxaea gloriosa* etwa schweben mit baumelnden Beinen

oben rechts Kalifornische Wollraupen (*Malacosoma californicum*) auf ihrem Gespinstzelt. Utah, USA.

rechts Der Falter *Brephidium exilis* ist einer der kleinsten Schmetterlinge der Welt. Neumexiko, USA.

ganz rechts oben Dieser weiß gestreifte Schwärmer, *Hyles lineatus*, labt sich an einer Distelblüte. Arizona, USA.

ganz rechts unten Eine Biene der Art *Nomia melanderi* beim Graben ihres Erdnestes. Utah, USA.

neben den Blüten, die die Weibchen wahrscheinlich aufsuchen werden, und schlagen jeden ungebetenen Besucher, einschließlich gepanzerter Käfer, wütend in die Flucht. Da das Interesse der Drohnen nur Jungfrauen gilt, können zumindest die Weibchen, die sich bereits gepaart haben, in Ruhe ihrer Arbeit nachgehen.

Sobald die Bienen ihre Bestäubungsarbeit beendet haben und aus den Blüten Früchte geworden sind, erscheint eine neue Gruppe von Sammlern auf der Bildfläche – die Ameisen. Die fleißigen kleinen Arbeiterinnen der Ernteameise sieht man nicht selten mühsam einen Samen hinter sich herziehen, der viel größer ist als sie selbst. Der Futtersammelradius ihrer Kolonie beträgt bis zu 1000 Quadratmeter und wird gegen eindringende Arbeiterinnen anderer Staaten vehement verteidigt. Die Insekten bauen ihre Nester in der Erde, von wo aus gut ausgetretene Wege speichenförmig nach außen in die Umgebung verlaufen, die im Umkreis von 30 Metern samenfrei geputzt ist.

Feuchtigkeit ist in der Wüste ein wertvolles Gut, und da Ameisen den Pflanzensaft nicht direkt an der Quelle anzapfen können, beziehen sie ihn aus zweiter Hand, und zwar von den Blattläusen in Form ihres Ausscheidungsprodukts, dem so genannten Honigtau. Blattläuse sind in der Wüste relativ selten, aber wo genügend frisches Grün eine Herde gedeihen lässt, wird sie begierig von den Ameisen, insbesondere den *Formica*-Arten, ›gemolken‹. Einige Ameisen hüten ihre Blattläuse regelrecht, indem sie sie nachts in ihrem schützenden Nest zusammenpferchen und am nächsten Morgen wieder zum Fressen hinaus auf die Pflanzen treiben.

rechts Die Arbeiterin von *Protoxaea gloriosa* zählt zu den schönen Bienen.

unten Ernteameisen der Art *Pogonomyrmex occidentalis* bringen Samenkörner zu ihrem Nest. Neumexiko.

ganz rechts In einer extrem dürren Region Utahs ›melken‹ rote *Formica*- Ameisen Blattläuse.

3 LEBEN IN GRAS-LANDSCHAFTEN

Es existieren nur noch wenige ursprüngliche Graslandschaften auf der Welt. Zwischen Buenos Aires und Córdoba beispielsweise, wo sich einst die argentinische Pampa in einer scheinbar endlosen Kette sanfter Hügel erstreckte, sieht man heute nichts als schachbrettartig angeordnete Felder. Auch die weiten Prärien Nordamerikas sind nahezu vollständig verschwunden – und mit ihnen ihre krabbelnden Bewohner. In Europa ist wildes Grasland nur noch in den Bergen zu finden, da die Menschen das Flachland bereits vor Jahrhunderten in eine Kulturlandschaft umgewandelt haben, deren Fauna heute, bedingt durch den Niedergang der traditionellen Landwirtschaft, ebenfalls vom Aussterben bedroht ist. Um zu überleben, haben sich viele Grasland-Insekten in die Berge, an Wegraine oder auf Brachland zurückgezogen. Dort jedoch, wo es noch üppige Wiesen und Schafweiden gibt, vor allem aber in den Naturschutzgebieten, zeigt sich noch immer die ganze Artenvielfalt dieser Gliederfüßer. Auch Moore und Heiden bieten vielen Kerbtieren eine neue Heimat.

Die letzten großen unberührten Graslandschaften sind die Savannen im Süden und Osten Afrikas. Streng genommen ist es falsch, diese

links Baumweißlinge *(Aporia crataegi)* halten Mittagsruhe auf einem Grashalm. Europa.

ganz links Eine Kugelfliege der Gattung *Eulonchus* auf einer Blüte.

Gebiete als reines Grasland zu bezeichnen. Der größte Teil der afrikanischen Savannen zeigt nämlich eine Mischung aus Waldungen, halb offenem Buschland und offenen Grasflächen, durch die sich baumgesäumte Flüsse schlängeln. In Zentralbrasilien liegt das *campo cerrado,* ein Landstrich, der sich mit den Savannen Afrikas vergleichen lässt. Auf Grund neuer Düngemethoden werden weite Teile dieses ursprünglich kargen und unberührten Gebietes heute für den Sojaanbau genutzt – eine Entwicklung, der unzählige faszinierende Insekten zum Opfer gefallen sind.

oben links Der auf den Britischen Inseln beheimatete silbergetüpfelte Kommafalter *(Hesperia comma)* sucht sich seine Grashalme auf Kreidefelsen.

oben Postillione *(Colias croceus)* bei der Paarung in offenem Grasland. Europa.

links Kleinlibellen wandern zur Paarung in nahe gelegenes Grasland. Hier abgebildet sind zwei Große Pechlibellen *(Ischnura elegans)*. Europa.

rechts oben Der Pappelschwärmer *(Laothoe populi)* lebt in der Heide und legt seine Eier bevorzugt auf Pappeln und Weiden. Deutschland.

rechts unten Die auffällig gefärbte Raupe des Wolfsmilchschwärmers *(Hyles euphorbiae)* auf einer Bergwiese in Italien.

nächste Seiten Das Kleine Nachtpfauenauge *(Saturnia pavonia)* kommt in den Heide- und Moorlandschaften Europas vor.

Insekten der afrikanischen Savanne

Die ostafrikanische Savanne besteht vorwiegend aus offenem Grasland, das durch dichte Akazienhaine aufgelockert wird. Im südlichen Afrika hingegen liegen ausgedehnte Mopane-Wälder (sprich: Moupaan-ie). In der trockenen Jahreszeit bekommt man die kleinsten Bewohner der Savanne nur selten zu Gesicht. Sobald jedoch der erste große Regen kommt, kriechen sie zu Abermillionen aus ihren Verstecken. Einige Schmetterlingsarten zeigen sich je nach Jahreszeit in unterschiedlichen Gewändern, so dass der Eindruck entsteht, es handle sich um verschiedene Spezies: Während der Trockenzeit leuchtet der Falter *Junonia octavia* beispielsweise rotorange, in der Regenzeit ist er blau gefärbt und weist purpurne Tupfen auf. Vermutlich richtet sich das Aussehen des Schmetterlings beim Schlüpfen nach der Temperatur, die während der Entwicklung der Raupe vorherrscht: Kälte bringt ein Sommerkleid hervor, Hitze lässt die Farben der Regenzeit entstehen.

Der augenfälligste Beweis für die Existenz unzähliger Kerbtiere in der Savanne sind die Termitenbauten, die zuhauf die Landschaft überziehen. Es gibt Dutzende von Termitenarten, von denen einige

rechts Akazien in der Savanne Kenias.

unten Ein Rüsselkäfer der Gattung *Gasteroclisus* in kenianischer Savanne.

rechts Der gelbe Fleck auf dem Thorax dieser Holzbiene, einer *Xylocopa nigra,* zeugt von wiederholten Besuchen auf den großen Blüten von Nutzpflanzen. Bei jungen Blüten biegen sich die Staubgefäße nach unten und bestäuben den Bienenrücken mit Pollen. Fliegt die Biene auf eine ältere Blüte, überträgt sie den Blütenstaub der Vorgängerblüte auf die Narbe – die Fremdbestäubung ist geglückt.

unten Der Schmetterling *Acraea caecilia* kommt in den Savannen Afrikas häufig vor. Kenia.

ganz unten Ein Vertreter der Spezies *Junonia orithyia* sonnt sich auf einem getrockneten Büffelfladen. Kenia.

niedrige, kuppelförmige, andere schmale, übermannshohe Nester bauen. Diese häufig anzutreffenden kaminähnlichen Türme dienen als natürlicher Belüftungsschacht für den unter der Erde liegenden Teil des Baus. Jedes einzelne Insekt gibt nur wenig Wärme ab, doch legt man seine Hand auf die Öffnung eines dieser ›Schornsteine‹, so spürt man die enorme Hitze nach oben dringen, die Millionen von Termiten produzieren, während sie ihr Tagwerk verrichten. Die Nestbewohner schleppen tagtäglich erheblich mehr Grünfutter unter die Erde, als eine große Herde Huftiere an einem Tag verspeisen kann. Das Gras ist der Nährboden für eine besondere Pilzart, die wiederum den Termiten als Nahrung dient – das Gras selbst können die Termiten nicht essen. Die Bauten dieser Staaten bildenden Insekten beherbergen häufig ungebetene Gäste wie beispielsweise Hundertfüßer, Tausendfüßer, Borstenschwänze, Käfer, Motten und Fliegenlarven – ja selbst Schmetterlinge, die im Inneren der Kamine ein Nickerchen machen.

links Der Falter *Hamanumida daedalus* lebt auf der nackten Savannenerde.

unten Nur das Männchen des Weißlings *Colotis danae* hat breite purpurrote Flügelspitzen. Kenia.

oben Der Falter *Danaus chrysippus* wird von zahlreichen anderen Schmetterlingsarten nachgeahmt.

rechts und unten rechts Männchen und Weibchen des blaugetüpfelten Schmetterlings *Junonia westermannii,* der insbesondere auf offener Savanne und an Waldrändern vorkommt, scheinen nicht zu ein und derselben Art zu gehören, so verschieden sehen beide aus. Kenia.

ganz rechts Ein Fleckenfalter der Art *Junonia octavia* in der Regenzeit. Südafrika.

HAUFENWEISE DUNG

unten Löwenkot hat einen Schwarm *Auchmeromyia bequarti* und *Hemigymnochaeta spec.* angelockt, beides Fliegenarten aus der Familie *Calliphoridae*. Kenia.

In der artenreichen afrikanischen Tiefebene werden tagtäglich von Abertausenden Antilopen, Büffeln, Zebras und Elefanten gigantische Mengen Gras gefressen, verdaut und wieder ausgeschieden. Was für die großen Säugetiere nichts als Abfall ist, dient, fachgerecht aufbereitet, Legionen von Insekten als Nahrung. Der Nährstoffgehalt von Tierkot variiert jedoch je nach Spezies. Elefanten beispielsweise fressen große Mengen Baumrinde und andere schwer verdauliche Pflanzenteile, so dass sie stark faserigen Dung produzieren, der nur etwas für die robusten Mistkäfer ist. Büffelmist dagegen ist lockerer, enthält weniger Fasern und zieht daher kleinere Käfer und Fliegen an. Ein frischer Haufen ist meist in Sekundenschnelle von Insekten übersät, die sich gegenseitig die besten Happen abzujagen versuchen.

Einige der Kot fressenden Insekten legen direkt unter dem Haufen oder Fladen ein Proviantlager an, andere wiederum bringen ihre Beute in Sicherheit, indem sie winzige Kugeln daraus formen, die sie anschließend wegrollen und vergraben. Später dienen die Vorräte dann als Nahrungsquelle für die Larven. Ohne diese schnelle und zuverlässige Abfallbeseitigung wäre die Savanne schon bald mit steinharten Misthaufen übersät, die jeden Grashalm ersticken und damit den Weidetieren die Nahrungsgrundlage entziehen würden. So gesehen sichern die Mistkäfer und ihre Helfer das Überleben der Büffel und umgekehrt.

rechts, von oben nach unten Kampfsequenz: Dieser gierige kenianische Mistkäfer, ein *Scarabaeus aeratus,* hat seine liebe Not, die viel zu große Kugel aus frischem Büffeldung von der Stelle zu bewegen. Ein neugieriger Artgenosse macht sich an der gegenüberliegenden Kugelseite zu schaffen und hat bereits ein großes Stück herausgeschabt, bevor der rechtmäßige Besitzer auf ihn aufmerksam wird. Es kommt zum Kampf, wobei es dem ersten Käfer auf Grund seiner günstigen Angriffsposition hoch oben auf der Kugel wiederholt gelingt, seinen Feind auf den Rücken zu befördern, nicht ohne selbst kräftig einstecken zu müssen. Nach wenigen Minuten gibt er jedoch auf, trollt sich und formt aus seiner angeknabberten Kugel eine kleinere, die sich anschließend leicht wegrollen lässt. Inzwischen hat auch der Eindringling aus seiner Beute ein Bällchen geformt und dieses schnell in Sicherheit gebracht.

unten Ein Heuschrecken-Weibchen der Art *Orthochtha dasycnemis* legt seine Eier in die vom Regen aufgeweichte Savannenerde. Kenia.

ganz unten Diese Krabbenspinne, eine Vertreterin der Gattung *Thomisus,* bewacht ihre Eier auf einem Palmblatt in der kenianischen Savanne. Gewöhnlich sterben die Weibchen, bevor die Jungen schlüpfen.

rechts Diese riesige Fangschrecke, eine *Polyspilota aeruginosa,* umhüllt ihre Eier mit einer schaumigen Masse. Uganda.

Da sich Heuschrecken unter anderem von frischem Gras ernähren, schulden auch sie den Müllverwertern der Savanne Dank. Die meisten Heuschreckenarten legen ihre Eier direkt in die Erde. Dabei fährt das Weibchen sein teleskopisch gegliedertes Fortpflanzungsorgan nach unten aus, um in kühlere Erdschichten zu gelangen. Dort legt es 50 bis 100 Eier ab, die in einer Flüssigkeit schwimmen, welche alsbald zu einer Schutzhülle erstarrt. Sobald der Regen die ersten zarten Grashalme sprießen lässt, schlüpfen aus dem kokonartigen Gehäuse Hunderte winziger Nymphen.

Im Gegensatz dazu legen die meisten Fangschrecken ihre Eier gut sichtbar auf einen Zweig, Zaunpfosten, Grashalm oder Ähnliches. Die größeren Arten wie die *Polyspilota aeruginosa* betten ihre Brut in einen korbähnlichen Kokon aus Schaum. Dieser erhärtet zu einer porösen, extrem strapazierfähigen papierartigen Schicht, die nicht nur Wind und Wetter, sondern auch allen Feinden trotzt – fast allen. Denn es gibt winzige parasitische Wespen, für die es ein Leichtes ist, einen frisch angelegten Kokon mit ihrer nadelförmigen Legeröhre zu durchstoßen und ihr eigenes Gelege in die sehr viel größeren Eier der Fangschrecke zu schmuggeln. Um das zu ver-

hindern, beschäftigen viele kleinere Fangschrecken der Gattungen *Galepsus, Oxyophthalmellus* und *Tarachodula* Wachen. Die flügellosen Weibchen kleben ihren flachen, breiten Kokon auf ein Blatt oder an einen Stängel und schützen ihn mit ihrem Körper gegen Parasiten, bis die Jungen geschlüpft sind. Ein ähnliches Brutverhalten ist auch bei vielen Spinnenarten zu beobachten, zum Beispiel bei den Krabbenspinnen, bei denen das Weibchen über den weißen Eikokons kauert.

Bei den meisten Gliederfüßern sind die Weibchen für den Schutz des Geleges zuständig. In Afrika gibt es allerdings mindestens zwei Raubwanzenarten, *Rhinocoris iracundus* und *Rhinocoris tristis,* bei denen der Vater diese Aufgabe übernimmt – und das mit Bravour! Eier tragende Weibchen finden solche Wache stehenden Männchen unwiderstehlich und versuchen ihnen ihre eigene Brut unterzujubeln. Doch das Raubwanzen-Männchen besteht darauf, das Weibchen vor der Eiablage zu begatten – denn anderenfalls liefe es Gefahr, lediglich den Nachwuchs eines Rivalen großzuziehen. So bewacht bei diesen beiden Spezies das Männchen, mit dem sich das Weibchen zuletzt gepaart hat, das Gelege, auch wenn ein Teil der Eier vorher schon von einem anderen Männchen besamt wurde.

Sandwespen-Weibchen bewachen ihre Eier zwar nicht, leisten aber dennoch harte Arbeit, um ihren Nachkommen einen guten Start ins Leben zu bereiten. Wegwespen *(Pompilidae)* beispielsweise werden oft dabei beobachtet, wie sie Spinnen, die sie mit Gift bewegungsunfähig gemacht haben, über den glühend heißen Erdboden in ihr Nest transportieren. Die *Sphex tomentosus,* eine große Grabwespenart, frisst am liebsten Wandelnde Blätter, die sie trotz ihrer perfekten Tarnung auch in dichtem Blattwerk auf Anhieb entdeckt.

Sandwespen (*Ammophila* und *Podalonia*) kommen sowohl in der afrikanischen Savanne als auch in den Gras- und Dünenlandschaften

links oben Eine winzige Wespe steuert ein Raubwanzen-Männchen der Art *Rhinocoris tristis* an, um ihre Eier in das von ihm bewachte Gelege zu schmuggeln. Der Wanze gelingt es jedoch, den Schmarotzer zu vertreiben. Kenia.

links unten Wie die meisten Wegwespenarten fängt auch die *Batozonellus fuliginosus* Spinnen. Kenia.

oben Grabwespen wie dieses Exemplar einer *Sceliphron spirifex* sammeln das Baumaterial für ihre Nester an den Rändern von Pfützen und Wasserlöchern. Kenia.

unten Eine *Sphex tomentosus* schleppt ihre gelähmte Beute ins Nest. Kenia.

rechts oben Diese Sandwespe der Gattung *Podalonia* quält sich mit einer fetten Raupe die Uferböschung hinauf. Kenia.

rechts unten Die Wespe *Belonogaster juncea* befestigt ihre Nester gewöhnlich an Buschzweigen in der Savanne. Kenia.

Europas und Nordamerikas vor. Die für die Brutpflege zuständigen Weibchen bringen von ihren Beutezügen fette Raupen mit ins Nest, die sie auf ihrem Rücken balancieren. Ein einziges Beutetier reicht dabei für die Aufzucht des gesamten Nachwuchses aus. Andere Sandwespenarten versorgen ihre Larven je nach Bedarf regelmäßig mit kleineren Raupen. Allen Wespenarten ist jedoch gemein, dass ihre Larven die wehrlose Beute so lange wie möglich am Leben lassen, da diese ansonsten verdürbe und nicht mehr von Nutzen wäre.

Die höheren Wespenarten leben in Staaten und bauen papierähnliche Nester, in deren Waben die Jungen aufwachsen. Die Larven bekommen nicht einfach eine gigantische Portion Lebendfutter vorgesetzt, sondern werden in regelmäßigen Abständen mit zerkauten Insekten gefüttert. Zu den primitivsten sozialen Wespen gehören die Vertreter der Gattung *Belonogaster,* da dort alle Weibchen eines Staates Eier legen. Bei den meisten anderen Wespen, die Staaten bilden, ist nämlich – entgegen allen Regeln der Demokratie – allein die Königin für die Fortpflanzung zuständig.

SAVANNEN-AMEISEN

In den Büschen und Bäumen der afrikanischen Savanne stößt man häufig auf die beutelähnlichen Nester der Weberameise *Oecophylla longinoda*. Sie bestehen aus grünen Blättern, die durch Larvenspinnfäden miteinander verbunden sind. Sobald die Fäden brüchig werden und die Blätter welken, fällt das Nest auseinander, und die Bewohner machen sich mitsamt ihrer Larven und Puppen auf die Suche nach einem neuen Zuhause. Weberameisen greifen meist im Pulk an, wobei sie ihre Beutetiere zunächst einkreisen, um sie dann regelrecht in Stücke zu reißen.

Eine weitere Nahrungs- und Flüssigkeitsquelle der Savannen-Ameisen ist der Honigtau, ein zuckerreiches Sekret, das von verschiedenen Pflanzensaugern, vor allem aber von der Buckelzirpen abgesondert wird. Diese und andere verwandte Arten übernehmen in den Tropen die Aufgabe der Blattläuse, die dort nur selten vorkommen. Im Gegenzug stellen die Ameisen ihren ›Milchkühen‹ eine Leibgarde zur Verfügung, die so verlässlich ist, dass manch ein Schaumzikaden-Weibchen seine Jungen früher als üblich verlässt, da es sie in guter Obhut weiß.

oben Ein Schwarm Weberameisen der Spezies *Oecophylla longinoda* hockt auf seiner Beute. Kenia.

rechts oben Ameisen der Art *Crematogaster nigriceps* finden durch ein winziges Loch Einlass in ihr dorniges Nest.

rechts unten Soldaten stehen Wache, während ein Heer von Wanderameisen der Art *Dorylus nigricans* seinen Weg durch die Savanne sucht. Kenia.

Crematogaster nigriceps, eine kleine schwarze Ameisenart, plagt sich erst gar nicht mit dem Nestbau ab, sondern okkupiert kurzerhand ein ›Fertighaus‹. Die Dorn-Akazie *Acacia drepanolobium* liefert diese kostenlosen Eigenheime in Form von gewaltigen Knollen, auf denen Dornen ansetzen. Diese Gebilde sind mit einem weichen Mark gefüllt, das sich mühelos herausschaben lässt, so dass ein trockenes und relativ kühles Nest entsteht. Außerdem versorgt der Busch die kleinen Gäste mit dem zuckrigen Sekret seiner Nektarien (zwischen den Blättern liegende Honigdrüsen) sowie mit nahrhaften Ölen und Proteinen, die in speziellen Auswüchsen an den Staubbeuteln produziert werden. In regelmäßigen Abständen drehen die Hautflügler ihre Runden auf dem Busch und bringen die Ausbeute ins Nest. Als Gegenleistung halten die Ameisen mit ihren gefürchteten Stacheln große Weidetiere von der Akazie fern und verwerten Raupen und andere kleine Blattfresser als Futter. Ähnliche Arrangements zwischen Ameisen und Pflanzen sind überall in den Tropen zu beobachten.

Als die gefährlichsten Wanderameisen gelten die Vertreter der Gattung *Dorylus,* deren riesige Armeen weit und breit alles Leben auslöschen, sofern es nicht fliehen kann oder für den Ameisengaumen ungenießbar ist. Unter ihnen gibt es eine Art Sonderkommando, Exemplare mit enormen Köpfen und Furcht erregenden sichelförmigen Mundwerkzeugen, deren einzige Aufgabe darin besteht, ihre Nestgenossen zu beschützen. Diese Riesen stehen mit weit auseinander klaffendem Kiefer am Rande der Marschkolonnen und greifen alles an, was ihnen zu nahe kommt. Die in die Erde gegrabenen Nester der *Dorylus spec.* sind eigentlich relativ langlebig, werden aber dennoch immer nur eine begrenzte Zeit genutzt. Trotz ihres schmerzhaften Bisses sind diese Ameisen begehrte Leckereien für Schimpansen, die sie mit Stöcken aus dem Bau holen und wie Eis am Stiel verspeisen.

rechts Wie viele andere Ameisenarten ernährt sich auch *Myrmicaria eumenoides* von Honigtau. Hier ›melkt‹ eine Traube von Ameisen einige Buckelzirpen. Kenia.

RÄUBER DER SAVANNE

links Die *Parasphendale agrionina* gehört zu den größten Fangschreckenarten der afrikanischen Savanne. Mit ihrem schlanken Körper ist die Nymphe, die sich hier an einem Grashüpfer labt, im dürren Grasland Kenias hervorragend getarnt.

unten Todeskampf auf einem Strauch in Kenia. Die kleine Fangschrecke *Galinthias amoena* lauert regungslos auf einem Blatt, bis ihre Beute nahe genug herangekommen ist. Dann greift sie mit ihren angewinkelten, dornenbewehrten Fangbeinen blitzschnell an.

ganz unten Auch die Scharfaugenspinne praktiziert eine Kraft sparende Lauertaktik, um an eine Mahlzeit zu kommen. Dieses Exemplar der Gattung *Peucetia* tut sich an einer geflügelten Termite gütlich. Termiten, die zu Millionen zum Jungfernflug ausschwärmen, sind eine leichte Beute. Südafrika.

ganz oben *Laxenecera albicincta*, eine typische behaarte Raubfliege, ist hier beim Verspeisen einer Motte zu sehen. Ihr Rüssel steckt ganz im Thorax des Opfers, dessen große Flügelmuskeln eine proteinreiche Nahrungsquelle sind. Kenia.

oben In Afrika gibt es verschiedene Arten der Raubfliege *Promachus*, deren Facettenaugen in den herrlichsten Farben schillern. Diese kenianische Spezies frisst gerade eine Biene, die trotz ihres Stachels den Überraschungsangriff des Räubers offensichtlich nicht abwehren konnte. *Promachus*-Arten kommen auch in Nordamerika vor.

TARNUNG IN DER SAVANNE

ganz oben Diese Heuschrecke der Spezies *Humbe tenuicornis* hat ihr Äußeres perfekt an die kahlen Stellen zwischen den Grasbüscheln angepasst. Bei Gefahr fliegt sie blitzschnell auf und davon und zeigt ihre leuchtend gelben Flügel, die sie nach der Landung wieder einschlägt, um erneut mit der Umgebung zu verschmelzen. Auf diese Weise täuscht sie ihre Feinde, die auch auf dem Boden nach dem Gelb der Flügel Ausschau halten. Andere Heuschreckenarten haben aus denselben Gründen rote oder blaue Flügel. Kenia.

oben Laternenträger, hier ein *Zanna turrita,* sind perfekt für ein Leben im hohen Gras getarnt. Kenia.

oben Aufgrund der Buschfeuer, die die Savannen Afrikas Jahr für Jahr heimsuchen, haben viele Heuschreckenarten die Fähigkeit entwickelt, eine schwarze Färbung anzunehmen. Dieses als Melanismus bekannte Phänomen sorgt nach den Bränden für eine ausgezeichnete Tarnung. Kenia.

rechts *Agrionopsis distanti* gehört zu einer der zahlreichen stabförmigen Fangschreckenarten. Kenia.

unten Der lange, schlanke Körper dieser *Truxalis bolivari* fügt sich bestens ein in das dürre Gras der Savanne. Erst beim Auffliegen zeigt die Heuschrecke ihre leuchtend roten Flügel.

vorhergehende Seiten Nach der Regenzeit verwandelt sich die Savanne in ein einziges Blumenmeer. Die Blüten locken die Beutetiere zahlreicher bunter Fangschreckenarten an, darunter auch jene der Spezies *Harpagomantis discolor*. Südafrika.

rechts Sowohl die Nymphen (Foto) als auch die ausgewachsenen Exemplare der Heuschrecke *Lobosceliana spec.* sitzen als welke Blätter getarnt auf den Sträuchern der kenianischen Savanne.

unten Eine Vertreterin der Gattung *Catasigerpes* kriecht wie ein wandelndes Rindenstück an einem Zweig entlang. Als unser Fotograf kurz wegschaute, um den Blitz einzustellen, dauerte es Ewigkeiten, bis er sie wieder entdeckt hatte. Kenia.

oben Dieser Ameisenlöwe der Gattung *Disparomitus* tarnt sich als Zweig, indem er seinen Körper im rechten Winkel von einem Ast abspreizt. Diese Stellung ist bei vielen Ameisenlöwenarten zu beobachten. Kenia.

rechts Die Raubwanze *Odontogonus pallidus* ähnelt einem welken Blatt; ein Effekt, der dadurch verstärkt wird, dass sie auf einem solchen sitzt, während sie auf Beute lauert. Kenia.

ZEIGT HER EURE FARBEN

oben Dieser große Tausendfüßer, der sich an einem Strauch in Südafrika gütlich tut, schreckt mit seinem orange-schwarzen Ringelmuster viele Angreifer ab. An jedem einzelnen Segment seines Rumpfes sitzen Poren, aus denen er ein ätzendes Sekret absondern kann. Einige Räuber jedoch (wie manche Primaten) möchten auf die bunte Beute nicht verzichten und reiben den giftigen Saft ihres Opfers an ihrem Fell ab, bevor sie es verspeisen.

links Viele Insekten tarnen sich als Wespen, aber niemand beherrscht die so genannte Batessche Mimikry so vollendet wie die Hornissenschwärmer aus der Familie der Glasflügler. Dieser *Felderolia candescens* aus Südafrika sieht einer Wespe der Gattung *Polistes* zum Verwechseln ähnlich.

ganz oben Wenn diese Raubwanze der Gattung *Ectomocoris* flink zwischen den Grasbüscheln der kenianischen Savanne hin und her krabbelt, könnte man sie mit einer der zahllosen schwarz-weißen Spinnenameisen verwechseln, die hier beheimatet sind. Anders als andere ›Imitatoren‹ kann sich die Raubwanze durchaus selbst verteidigen; ihr Biss ist schmerzhafter als ein Wespenstich.

oben Käfer der Familie Lycidae schmecken extrem widerlich. Sie haben eine charakteristische Form und Färbung und werden von zahlreichen Käfern und anderen Insekten nachgeahmt. Dieser südafrikanische Bockkäfer der Art *Purpuricenus laetus* beispielsweise ist ein exzellenter Imitator des Lycidae-Käfers.

rechts Bei der leisesten Berührung weicht diese auffällig gefärbte Mottenraupe zurück und speit eine unappetitliche Masse aus, ein Verhalten, das bei den Raupen vieler Arten zu beobachten ist. Kommt eine angreifende Sandwespe mit der Absonderung in Berührung, lässt sie sofort von ihrem Opfer ab. Südafrika.

ganz oben Die poppig bunten Nymphen der Heuschrecke *Phymateus spec.* bilden große Schwärme, um die abschreckende Wirkung ihrer spektakulären Farbpalette noch zu verstärken. Die Tiere verbreiten einen äußerst unangenehmen Geruch und sind hochgiftig. Kenia.

oben Die edel glitzernde Schildwanze der Gattung *Callidea* ist ein Paradebeispiel für Warnfarben bei Gliederfüßern. Dieses Exemplar schreckt seine Feinde zusätzlich durch seinen unangenehmen Geruch ab.

rechts oben Fast alle Blasenkäferarten tragen zur Abschreckung Signalfarben. Dieses Exemplar der kleinen kenianischen *Coryna spec.* hockt auf einer Grasrispe in der ausgedörrten Savanne.

rechts unten Die Blumen der Savanne werden oft von Käfern heimgesucht, hier ein *Coryna arussina.* Wie die meisten Käferarten bevorzugt er die nahrhaften proteinhaltigen Pollen. Erst danach macht er sich über die weniger lohnenden Blütenblätter her. Kenia.

nächste Seiten Die Grille *Acanthoplus armativentris* hat zwei Möglichkeiten Attacken abzuwehren: Zum einen schützt ihr gepanzerter Thorax sie vor scharfen Zähnen und Schnäbeln, zum anderen tritt – nur wenige Sekunden nach einem Angriff – am seitlichen Rumpf ein unangenehmes gelbliches Sekret aus, das den meisten Fressfeinden gründlich den Appetit verdirbt. Einige Räuber jedoch, wie beispielsweise die Mungos, knacken den Panzer geräuschvoll und verspeisen ihr Opfer, wenn auch mit angewiderter Miene.

Graslandschaften in den gemäßigten Zonen Europas und Nordamerikas

Im Flachland werden Wiesen seit Menschengedenken durch Abweiden oder Mähen gepflegt, zwei Methoden, die Pflanzen und Krabbeltiere in großem Artenreichtum gedeihen lassen. Auf Hügeln ist das Gras in der Regel kürzer, insbesondere wenn der Unterboden aus Kreide oder Kalkgestein besteht. Die blumenübersäten Wiesen der Britischen Inseln beispielsweise bieten Insekten und ihren Verwandten einen optimalen Lebensraum. Doch auch breite Wege und Lichtungen im Wald beheimaten neben typischen Waldinsekten zahlreiche Grasland-Gliederfüßer, und die grasbewachsenen Dünen der Küste bieten zahlreichen Arten das offene Habitat, das sie zum Überleben brauchen.

Die Gräser selbst sind eine wichtige Nahrungsquelle für viele Insekten. Im Unterschied zu den in den Tropen lebenden Heuschrecken ernähren sich die Arten in nördlichen Gefilden fast aus-

links Grasbewachsenes Kalkgestein, Cotswold Hills, England. Hier leben viele für Graslandschaften typische Schmetterlinge und Heuschrecken.

unten Die Heuschrecke *Trachyrachys kiowa* lebt in unterschiedlichen offenen Biotopen. USA.

schließlich von Gras. Manche Spezies allerdings sind ausgesprochen wählerisch: Anders als die Feldheuschrecke *Chorthippus parallelus,* die in jedem beliebigen Grasland überlebt, frisst die rotbraune *Gomphocerippus rufus* nur kurz stehendes Gras, das auf Südhängen mit kreide- oder kalkhaltigem Untergrund wächst. Auch die Raupen zahlreicher Schmetterlingsarten verzehren Gräser. So lassen die Weibchen der Augenfalter ihre Eier einfach ins weiche Grün fallen, während sie an einer Blüte nagen. Die Raupen anderer Spezies wiederum ernähren sich von den Blütenpflanzen, die in Graslandschaften gedeihen. Viele Wanzen leben in Grasähren, die den schlanken, strohgelben Tieren besonders im Spätsommer eine perfekte Tarnung bieten.

Wiesenblumen sind ein Tummelplatz für viele Insekten, von denen sich einige auf bestimmte Blütenpflanzen spezialisiert haben, so zum Beispiel der Blattkäfer *Cryptocephalus aureolus*. Der Weichkäfer *Rhagonycha fulva* hingegen bevorzugt Disteln. In großen Schwärmen hocken die auffällig gefärbten Insekten in Paarungsstellung auf den Blüten. Das Männchen lässt so lange nicht von seinem Weibchen ab, bis dieses zur Eiablage bereit ist – nur auf

links Das nordamerikanische Pfauenauge *(Junonia coenia)* kommt auf offenen Grasflächen häufig vor. USA.

Mitte Die rotbraune *Gomphocerippus rufus* bevorzugt kurz stehendes Gras auf weiten Flächen. England.

ganz oben Die Feldheuschrecke *Chorthippus parallelus* braucht zu ihrem Glück nichts als ein paar Gräser. England.

oben Die haarige Raupe der Grasglucke *(Philudoria potatoria)* frisst gerne lang wachsende Gräser in Feuchtgebieten. England.

ganz oben Wie der Nachwuchs der meisten Augenfalterarten frisst die Raupe des Großen Ochsenauges *(Maniola jurtina)* hauptsächlich Gras. Der Falter ernährt sich von dem Nektar der Wiesenblumen. England.

oben Diese Rostbinde (*Hipparchia semele)* lebt auf grasbestandenen Klippen und in offenem Heideland. Mit geschlossenen Flügeln ist sie perfekt getarnt. England.

links Der amerikanische Distelfalter *Vanessa virginiensis* ist nicht nur in Graslandschaften zu Hause. Seine Raupe frisst Grünfutter verschiedenster Art.

nächste Seiten Das Damenbrett *(Melanargia galathea)* ist ein typischer Vertreter der Grasland-Schmetterlinge. Europa.

diese Weise kann das Männchen sicher sein, dass es sein Erbgut weitergegeben hat. Bis auf einige Spinnenarten hat *Rhagonycha fulva* kaum Feinde, ebenso wenig wie das schwarz-rote Widderchen, ein Falter, der vor allem im Sommer die europäischen Wiesen tüpfelt. Die schwarz-gelben Raupen fressen Klee, aus dem sie Blausäure aufnehmen. Obwohl diese Spezies dadurch in allen Entwicklungsphasen hochgiftig ist, gibt es eine Wanzenart, die Räuberische Schildwanze (*Picromerus bidens),* für die sie dennoch eine Delikatesse zu sein scheint. Die meisten Spinnen, die von einem Widderchen gekostet haben, bezahlen ihre Gier damit, dass sie kurz darauf unter beträchtlichen Qualen eine dunkle Flüssigkeit erbrechen.

Wege und Pfade sind ideale Nistplätze für Sandbienen und -wespen. Die winzige speerschwänzige Grabwespe *Oxybelus uni-*

oben Ein gut getarntes flügelloses Graswanzen-Weibchen *(Leptopterna dolabrata)* sitzt auf einer Grasähre und lässt es sich schmecken. England.

rechts Die auffällig gezeichnete Raupe der Erbseneule *(Ceramica pisi)* sucht sich ihren Futterstrauch in der Heide. England.

glumis, die in Europa und in Nordamerika vorkommt, spießt ihre Beute auf und fliegt sie dann am Stachel hängend in ihr Nest. Eine noch spektakulärere Vorstellung gibt das Weibchen der *Phonyx* beim Abtransport einer Heuschrecke. Da die Wespe um ein Vielfaches kleiner ist als ihre Beute, erinnert das Ganze an einen Kahn, der einen gigantischen Öltanker im Schlepptau hat. Die Sache ist auch nicht ganz ungefährlich für die Wespe, da eine Heuschrecke dieser Größe durchaus in der Lage ist, ihre Angreiferin in kleinste Stücke zu zerlegen, sie mit in die Lüfte zu nehmen oder aber sie mit einem galligen Magensekret zu besudeln – ein Erfolg versprechendes Unterfangen, versucht doch die Wespe um jeden Preis, ihrem Opfer einen tödlichen Stich in den weichen Bereich zwischen Kopf und Thorax beizubringen, wobei sie den Mundwerkzeugen der Heuschrecke gefährlich nahe kommt. Ist die Wespe einmal mit dem Sekret ihrer Beute in Kontakt gekommen, lässt sie sofort von ihr ab, um sich zu reinigen.

Wespenbienen der Gattung *Nomada* sehen ihren Namensgebern zum Verwechseln ähnlich. Die Weibchen lauern in der Nähe der

ganz oben *Cryptocephalus aureolus* ist eine von vielen Blattkäferarten, die auf dem gelben Habichtskraut der Moore und Heiden Englands beheimatet sind.

oben Disteln geben einen beliebten Paarungsplatz für Weichkäfer der Art *Rhagonycha fulva* ab. England.

links oben Die Raupe dieses Perlmuttfalters der Spezies *Agraulis vanillae* ernährt sich vom Stamm der Passionsblume. Der Schmetterling kommt in unterschiedlichen Lebensräumen vor, insbesondere auf Wiesen und an Feldrainen. USA.

links unten Die Fleckenfalter *Phyciodes tharos* ist eine in den Prärien Nordamerikas häufig anzutreffende Schmetterlingsart. Die Weibchen legen bis zu 700 Eier.

rechts Die Flügel dieses Dukatenfalters *(Heodes virgaureae)* auf einem grasbewachsenen Hügel in Frankreich schillern metallisch.

ganz oben Obwohl sie zu den kleineren Widderchen gehört, ist *Zygaena fausta* eine der schönsten ihrer Art. Frankreich.

oben Wie alle Arten ihrer Gattung spießt die speerschwänzige Grabwespe *Oxybelus uniglumis* ihre Beute auf ihrem Stachel auf, um sie anschließend ins Nest zu transportieren. England.

links Zwei Widderchen der Art *Zygaena lonicerae* paaren sich auf dem Kokon des Weibchens, kurz nachdem es aus der Puppe geschlüpft ist. England.

rechts Das tagaktive Widderchen *Zygaena lonicerae* lässt seine rotschwarze Zeichnung in der Sonne auflodern. England.

Nestlöcher von anderen solitär lebenden Bienen und warten auf einen unbeobachteten Augenblick, um ihre Eier hineinzuschmuggeln. Die Männchen sind an dem Coup nicht ganz unbeteiligt: Die Drohnen der parasitischen Wespenbienen, die wie bei vielen Bienen- und Wespenarten vor den Weibchen schlüpfen, patroullieren vor dem Wirtsnest und sondern dabei einen Duftstoff ab, der der Nestmarkierung der Wirte ähnelt. Bei der Paarung nimmt das Weibchen diesen Geruch an, wodurch sich sein Risiko verringert, beim Eindringen in das fremde Nest entdeckt zu werden.

links oben Eine Jagdwespe der Gattung *Prionyx* müht sich mit ihrer riesigen Beute ab. USA.

links unten Wespenbienen sind als Wespen getarnte parasitische Bienen. Hier abgebildet ist die gelbe *Nomada flava*. England.

unten Ein Nesträuber hat das in einem Grasbüschel versteckte Gelege der Gartenhummel *(Bombus hortorum)* entdeckt und freigelegt. Alle Kammern sind versiegelt, bis auf eine (oben links), in der die Larve mitsamt Futter zu sehen ist. England.

Hummeln lieben Wiesenblumen und nisten bevorzugt in üppigem Grasland. Die kleine Gartenhummel *(Bombus hortorum)* beispielsweise tarnt ihr Erdnest, indem sie den Eingang mit dürrem Gras bedeckt. Sobald die Königin aus ihrem Winterschlaf erwacht, gründet sie einen Staat, in dem bisweilen auch ungebetene Gäste wie die Larven der Hummelschwebfliege *(Volucella bombylans)* logieren, eine Spezies, die sowohl in Europa als auch in Nordamerika zu Hause ist. Da sich die Larven lediglich vom Abfall ihrer Gastgeber ernähren, sind sie für diese ungefährlich. Ausgewachsene Exemplare sehen ihren Wirten täuschend ähnlich. Sie treten in zwei Varianten auf, von denen jede einer bestimmten Hummelart gleicht. In den Nestern nordamerikanischer Hummelarten lebt oftmals die weitaus bedrohlichere Larve der Ameisenwespe *Dasymutilla occidentalis*. Das leuchtend rote flügellose Weibchen legt neben jede ›Brutkammer‹ der Hummel ein Ei. Sind die Larven geschlüpft, fressen sie die Wirtsbrut und verpuppen sich anschließend in den Waben. Der Stich des ausgewachsenen Weibchens ist äußerst schmerzhaft.

Einige Bienen und Hummeln tragen – äußerlich zunächst nicht sichtbar – die Larven der parasitischen Dickkopffliege in ihrem Körper. Das Weibchen der Fliege lauert der Biene auf einer Blüte auf, überfällt sie hinterrücks und legt ihre Eier auf sie. Die waghalsige Attacke endet oft damit, dass beide Insekten auf dem Boden landen und die Biene davonfliegt, anscheinend heil und unversehrt. Dabei trägt sie auf ihrem Körper bereits den Parasiten, der sie – zur Larve herangewachsen – langsam von innen her auffressen wird. Kurz bevor die Biene stirbt, ist sie ihrem Peiniger sogar noch auf andere Weise zu Diensten: Sie schaufelt sich ihr eigenes Grab und damit gleichzeitig der Fliegenpuppe ein sicheres Winterquartier.

links Eine gelbbraune Variante der Hummelschwebfliege *(Volucella bombylans)*, die in Europa und in den USA häufig vorkommt.

rechts Nach der Paarung (Foto) legt das Dickkopffliegen-Weibchen der Art *Sicus ferrugineus* seine Eier auf einer Hummel ab. England.

unten Raubfliege frisst Raubfliege: Eine *Deromyia miscellus* ist ihrer größenmäßig überlegenen Artgenossin *Efferia interrupta* zum Opfer gefallen. Wiese in South Carolina, USA.

oben Dickkopffliegen greifen ihre Opfer bevorzugt beim ›Trinken‹ an. Diese Hummel der Spezies *Bombus pascuorum* hat ein Loch in den Kelch einer Schwarzwurzblüte geknabbert, um an den Nektar zu gelangen. Diese Zeit sparende Methode ist nur für die Hummel von Vorteil – die Pflanze hat das Nachsehen, weil sie dabei nicht bestäubt wird.

rechts Eine Libelle der Spezies *Perithemis tenera* gleitet im Tiefflug über Wiesen und Felder, USA.

Raubfliegen lauern ihrer Beute, zu der gelegentlich auch Familien- und sogar Artgenossen gehören, auf Steinen, Zweigen oder Grashalmen auf. Die Larven der meisten Raubfliegenarten leben in der Erde, wo sie sich überwiegend von anderen Insektenlarven ernähren. Auch Libellen gehören mit ihren scharfen Augen zu den fliegenden Räubern der Graslandschaften und sind insbesondere in der Nähe von Flüssen und Seen zu beobachten.

GRASLAND-SPINNEN

Die Streckerspinne *Tetragnatha extensa* ist eine von zahlreichen Spezies, die die feuchten Wiesen Europas und Nordamerikas lieben. Die langen, stabförmigen Weibchen hocken kopfüber auf einem Grashalm und sind in dieser Stellung nur schwer auszumachen. Bei der Paarung spreizt das Männchen die Kiefertaster des Weibchens mit einem speziellen Dorn. Die Eier werden einfach auf einen Grashalm oder Stängel gelegt. Krabbenspinnen der Gattung *Xysticus* hingegen leben auf Blüten und Blättern. Vor der Besamung zieht das Männchen seine Kreise um das Weibchen und spinnt es langsam in einen seidenen Brautschleier ein.

Die Gartenkreuzspinne *(Araneus diadematus)* kommt sowohl auf Wiesen als auch in Wäldern und Gärten vor. Im Frühling schlüpfen Trauben winziger gelber und brauner Jungspinnen aus den Eikokons, die das sterbende Weibchen im Herbst gelegt hat. Im Hochsommer sind die ersten Männchen geschlechtsreif und machen sich auf die Suche nach einem Weibchen. Meist halten sie sich in der Nähe junger Weibchen auf, um den Moment der Geschlechtsreife nicht zu verpassen. Im Herbst kommt es vor, dass sie

links oben Vor der Paarung spinnt das winzige Krabbenspinnen-Männchen der Art *Xysticus cristatus* das Weibchen mit feinen Faden ein. England.

links unten Dieses eng an einen Grashalm geschmiegte Streckerspinnen-Weibchen, eine Vertreterin der Spezies *Tetragnatha extensa,* entdeckt man erst auf den zweiten Blick. Europa und USA.

rechts Im Frühling findet man überall in Europa und in den USA goldfarbene Trauben von Gartenkreuzspinnen-Babys *(Araneus diadematus).*

unten Das Männchen (links) der Gartenkreuzspinne *(Araneus diadematus)* nimmt sich im Vergleich zum Weibchen winzig aus, was die Balz für den Herrn nicht ganz ungefährlich macht. In diesem Fall war das Weibchen aber gnädig und ließ sich geduldig begatten. Deutschland.

auch bereits befruchtete Weibchen umwerben, doch meist ohne Erfolg. Vor der Paarung wandelt das Spinnenmännchen seine Pedipalpen in Begattungsorgane um. Dabei webt es ein kleines dreieckiges Netz, auf das es den Samen auftropft. Anschließend wird dieser mit den Tastern aufgenommen.

Die in Europa beheimatete Raubspinne *Pisaura mirabilis* kommt vor allem in feuchtem Grasland vor. Ihr Balzverhalten ist einzigartig: Das Männchen fängt ein Beutetier, spinnt dieses ein und ›schenkt‹ es seiner Auserwählten. Nach der Begattung trägt das Weibchen den großen Eikokon auf seinen Cheliceren, so dass es keine Nahrung mehr zu sich nehmen kann, bis die Jungen geschlüpft sind. Dann webt es eine Art Zelt, über dem es so lange wacht, bis sich die Jungspinnen zum ersten Mal gehäutet haben und ihrer Wege gehen. Die nordamerikanische *Pisaurina mira* zeigt ein ähnliches Verhalten wie die europäische Raubspinne, nur macht das Männchen kein Brautgeschenk.

oben Ein Männchen der Gartenkreuzspinne *(Araneus diadematus)* nimmt mit den Kiefertastern Samen von seinem winzigen Netz auf. Deutschland.

rechts oben Dieses Raubspinnen-Männchen *(Pisaura mirabilis)*, links, versucht mit einem in Seidenfäden eingesponnenen Brautgeschenk das desinteressierte, jedoch nicht aggressive Weibchen zu ›umgarnen‹. England.

rechts unten Ein Weibchen der Art *Pisaurina mira* bewacht seine Jungen, die aus dem gefalteten Blatt über ihr hervorlugen. USA.

4 LEBEN IN DEN WÄLDERN EUROPAS

Hartlaubwälder, Trockenwälder und sommergrüne Laubwälder sind Vegetationsformen, die sich in den gemäßigten Klimazonen Europas, Nordamerikas, Asiens, Neuseelands und Südamerikas finden. In den beiden letzteren Regionen, vor allem im Süden Chiles und in Argentinien, wachsen herrliche Wälder aus Südbuchen. In Australien hingegen dominieren die einzigartigen Eukalyptuswälder. Sie beherbergen zahlreiche Gliederfüßer, die es sonst an keinem anderen Ort der Erde gibt. Die Waldgebiete Europas zerfallen großenteils in kleine, einzelne Bestände, die häufig erst in jüngerer Zeit durch Aufforstung anstelle der älteren, bereits vor langer Zeit gerodeten Wälder entstanden sind.

Naturbelassene Wälder sind in der Regel recht düster und vergleichsweise arm an auffälligeren Insekten wie Schmetterlingen oder Bienen, denn in dem dichten Laubteppich am Waldboden können nur wenige Blumen überleben. Pilze dagegen benötigen kein Licht, und unter den tausenden verschiedenen Arten ist hier die Stinkmorchel besonders interessant, da ihre Sporen von Insekten verbreitet werden. Angelockt von dem intensiven Geruch dieser Pilze, fressen zahllose Fliegen

links Der chilenische Laufkäfer *Ceroglossus chilensis* ist für seine schillernde Färbung bekannt. Am kühlen, feuchten Boden der Südbuchen-Wälder jagt er kleinere Krabbeltiere.

rechts Ein Südbuchen-Wald im Süden Chiles.

den mit Sporen versetzten Schleim, der den Hut bedeckt, und verbreiten die Sporen dann mit ihrem Kot bis in weite Entfernungen.

In einigen Ländern Europas hält eine so genannte Niederwaldwirtschaft manche Wälder gezielt niedrig. In regelmäßigen Abständen werden die Bäume nahe dem Fuß gerodet, so dass der Wurzelstock neu ausschlägt. Die so entstehenden lichten Waldgebiete sind viel reicher an Blumen und der dazugehörigen Fauna als die dunklen, naturbelassenen Wälder, in denen nach einem kurzen Schauspiel im Frühling, wenn die Bäume noch kahl sind und die Sonne den Boden erreicht, kaum noch Blumen zu sehen sind.

In bewirtschafteten Wäldern locken die zu hohen Stößen gestapelten Baumstämme die Weibchen von Bockkäfern und anderen Insekten, deren Larven im Holz heranwachsen, zur Eiablage an. Einer von ihnen ist der Wespenbock *Clytus arietis*. Dieser Bockkäfer

großes Bild Ein englischer Eichenwald im späten Frühjahr.

kleines Bild links oben Wie viele Spannerarten gleicht *Neorumia gigantea* aus Chile einem welken Blatt. Das Tier sitzt auf einem Farnwedel.

kleines Bild links unten Nur wenige Schmetterlinge leben in den schattigen Südbuchen-Wäldern Chiles. Der kleine Edelfalter *Issoria modesta* genießt einen Sonnenstrahl, der durch das Dickicht des Waldes dringt.

unten *Selenia dentaria* ruht häufig auf Blättern im schattigen Wald und gleicht dort einem abgeworfenen, welken Blatt. England.

hat vergleichsweise kurze, wespenartige Fühler, gestreifte Flügeldecken und wie seine Namensgeberin einen ›ruckelnden‹ Gang. Ebenfalls ein Waldbewohner ist der Bockkäfer *Judolia cerambyciformis,* der oft auf Blüten bei der Paarung beobachtet werden kann.

Erlenstämme sind der bevorzugte Brutplatz der Pflanzenwespe *Xiphydria camelus*. Das Weibchen bohrt ein Loch ins Holz und legt ein bis zwei Eier hinein, zusammen mit einigen Sporen eines Pilzes, die es in einer speziellen ›Tasche‹ nahe des Eileiters aufbewahrt. Dieser Pilz dient den späteren Larven als Nahrung. Deren Ausscheidungen verströmen einen charakteristischen Geruch, der wiederum ein anderes Insekt anlockt, die große Wespe *Rhysella approxi-*

oben Die Rote Waldameise (*Formica rufa*) lebt meist unter den Kiefern schattiger Wälder. Die rechte Ameise lässt sich von ihrer Nestgenossin mit flüssiger Nahrung füttern.

links Fliegen fressen den mit Sporen versetzten Schleim einer Stinkmorchel.

rechts In vielen Eichenwäldern Englands blühen im April die Buschwindröschen. Sobald die Bäume vollständig grün sind, liegt der Waldboden wieder im Schatten.

links Als Larve hat der Gefleckte Bockkäfer (*Strangalia maculata*) sich von Holz ernährt. Nun durchstreift er die Wälder und genießt die Pollen der Hagebuttenblüten.

ganz oben Der Wespenbock (*Clytus arietis*) sieht nicht nur so aus, sondern bewegt sich auch so wie seine Namensgeberin. Deutschland.

oben Das Weibchen der *Rhysella approximator* stützt sich hoch auf seine langen Beine und führt die Spitze des Legestachels in die Rinde einer Erle ein. England.

mator. Mit zitternden Fühlern streicht dieser Parasit über die Rinde und bohrt – sobald er eine Pflanzenwespen-Larve geortet hat – seinen haardünnen Legestachel durch die zwei Zentimeter dicke Holzschicht bis in den Körper seines hilflosen Opfers, um darin ein Ei zu legen.

Baumstämme zählen auch zu den bevorzugten Aufenthaltsorten von Spinnen und Nachtfaltern, doch diese sitzen weit verstreut und sind dank ihrer perfekten Tarnkleidung nur schwer aufzuspüren. Eine größere Ausbeute an den unterschiedlichsten Gliederfüßern bergen die nahrhafteren und im Sommer reichlich verfügbaren Blätter und Früchte der Bäume. Viele Rüsselkäfer legen ihre Eier in Eicheln und andere hartschalige Samen wie Haselnüsse. Das Weibchen des *Curculio venosus* zum Beispiel besitzt einen langen dünnen Rüssel, an dessen Spitze winzige Mundteile sitzen. Damit knabbert es zunächst ein Loch in eine Eichel, dreht sich dann herum und legt ein Ei hinein.

Die blattrollenden Rüsselkäfer (Attelabidae) sind die Kunsthandwerker unter den Käfern. Das Weibchen des Haselblattrollers (*Apoderus coryli*) beißt zuerst mit seinen Mundteilen an mehreren Stellen in das Blatt und rollt es gleichzeitig mit Kopf und Vorderbeinen ein. Dann ›näht‹ es die entstandene Blattröhre durch einige Rüsselstiche zusammen, so dass sie sich nicht mehr auseinanderrollen kann. Anschließend legt es ein Ei in die ›lebende Wiege‹, in der sich die Larve – geschützt vor Wind und Wetter und umgeben von Nahrung – perfekt entwickeln kann. Jede der zahlreichen Blattroller-Arten besitzt eine eigene Methode. So trennen einige Käfer die fertige Blattwiege vom Zweig ab, und die Larve entwickelt sich am Boden.

oben Perfekt getarnt ruht der Spanner *Alcis repandata* an einem Baumstamm. Der Falter sitzt schräg an der Rinde, statt die Flügel gerade an der Waagerechten auszurichten.

rechts oben Das flügellose Weibchen des Aprikosenspinners (*Orgyia antiqua*) ist gerade aus seiner Puppe am Boden geschlüpft und krabbelt nun einen Baumstamm hoch. Mit seinem Geruch hat es ein Männchen angelockt.

rechts unten Nach der Paarung legt das Aprikosenspinner-Weibchen seine Eier auf der Rinde ab.

oben Dieser Haselblattroller (*Apoderus coryli*) hat die ›lebende Wiege‹ für seinen Nachkommen schon halb fertig gestellt. England.

rechts Mit seinem langen Rüssel bohrt *Curculio venosus* Eicheln an. England.

Bei der Landwanze *Elasmucha grisea* geht die elterliche Fürsorge noch einen Schritt weiter. Das Weibchen legt rund 50 Eier rautenförmig auf ein Birkenblatt und hält dann Wache, bis die Larven geschlüpft sind. Wird das Insekt von dem Gelege fern gehalten, werden in ein bis zwei Tagen sämtliche Eier von Ameisen geraubt. Nach dem Schlüpfen bewacht das Weibchen seine Nachkommen einige weitere Tage, bis die Familie zum Fressen zu den Birkenkätzchen zieht. Während die Larven heranwachsen, bleibt das Weibchen immer in ihrer Nähe. Es folgt dabei einer Duftspur, die die Jungtiere hinterlassen. Oftmals stirbt das Weibchen, kurz bevor sich seine Nachkommen zu ausgewachsenen Insekten entwickelt haben.

Zahlreiche Nachtfalter-Raupen sind zur Verteidigung in ein dichtes, stechendes Haarkleid gehüllt, das beim Menschen lang anhaltende und schmerzhafte Hautausschläge hervorruft. Einige

Raupenarten warnen ihre Angreifer durch ihre Färbung vor einer schmerzhaften Erfahrung, doch manche Vögel ziehen den Tieren geschickt die haarige Haut ab und verspeisen nur das saftige Innere. Raupen, die weder einen ›chemischen Schutz‹ noch stechende Haare besitzen, passen sich oft durch eine Tarnkleidung ihrer Umgebung an, indem sie zum Beispiel kleine Zweige imitieren. Dieser für Imagines eher ungewöhnlichen Methode bedienen sich auch viele Zahnspinner wie etwa der Mondvogel (*Phalera bucephala*): In der Ruheposition nimmt der Nachtfalter durch die eng anliegenden Flügel eine zylindrische Form an, und der abgeflachte Kopf mit den

ganz oben Die Larven der Erlenblattwespe (*Croesus septentrionalis*) nehmen ihre typische Verteidigungshaltung ein, indem sie die Schwänze aufrichten. Deutschland.

oben Die haarige Raupe der Ahorneule (*Acronicta aceris*). England.

rechts Die Landwanze *Elasmucha grisea* hütet ihre Nachkommen. England.

unten Die Raupe des Aprikosenspinners (*Orgyia antiqua*) schützt sich mit einer eindrucksvollen Rüstung aus Haaren und Borsten. Deutschland.

ganz unten Die graue Raupe der Weißdorneule (*Allophyes oxyacanthae*) hat sich längs auf einen Zweig gelegt, um so wenig wie möglich aufzufallen.

rechts oben Viele Spannerraupen geben perfekte Zweige ab.

rechts unten Der Mondvogel (*Phalera bucephala*) sitzt tagsüber auf einem Blatt und sieht dabei wie ein kleiner abgebrochener Zweig aus. England.

gelben, unregelmäßig gewachsenen Haaren gleicht der zackigen Bruchstelle eines Zweiges. Auf Abbildungen sitzt der Falter oft auf einem echten Zweig, mit dem Kopf genau über der Bruchstelle des Holzes. Solche Fotografien sind allerdings gestellt und irreführend. Sie schreiben dem Tier die Fähigkeit der gezielten Ortswahl zu, die es jedoch nicht besitzt. In Wirklichkeit sitzen die Schmetterlinge im Wald auf Blättern, auf denen sie wie kleine abgebrochene und hinunter gefallene Äste aussehen.

Für Blattschneiderbienen sind Blätter keine Sitzplätze, sondern Baumaterial. Das Weibchen umfasst mit den Beinen den Blattrand und schneidet mit seinen Kiefern wie mit einer Schere längliche Streifen ab. Die einzelnen Blattstücke trägt es eng an den Körper geschlungen zum Nest und formt daraus eine zigarrenförmige Zelle, die es mit Nektar und Pollen füllt. Dann legt es ein Ei hinein und versiegelt die Zelle mit einem kreisförmigen Deckel, den es ebenfalls aus einem Blatt heraus schneidet.

Marienkäfer interessieren sich für Blätter in erster Linie wegen der Blattläuse, der Hauptnahrungsquelle der meisten Arten. Manche Spezies dagegen ernähren sich von Mehltau, den sie mit ihren Mundteilen von der Blattoberfläche schaben. Andere Gliederfüßer verwenden Blätter als Schlaginstrumente und nutzen ihre relativ guten Resonanzfähigkeiten, um einen Geschlechtspartner anzulocken. Die Männchen der Zartspinne *Anyphaena accentuata* klopfen mit der Spitze ihres Hinterleibes schnell auf ein Blatt und machen dabei ein Geräusch, das auch für menschliche Ohren gut wahrnehmbar ist. Eichenschrecken-Männchen (*Meconema thalassinum*) erzeugen ihren Lockruf nicht durch das bei Laubheuschrecken eigentlich übliche Aneinanderreiben der Flügeldecken, sondern trommeln stattdessen mit ihrem Hinterbein auf ein Blatt. Das dadurch entstehende Geräusch erreicht eine erstaunliche Lautstärke und schallt weit durch den nächtlichen Wald.

In den Eichen leben jedoch nicht nur diese Heuschrecken, sondern auch verschiedene Spinnenarten, darunter auch Kugelspinnen.

oben Die Blattschneiderbiene *Megachile willughbiella* bei der Arbeit.

unten Der orangefarbene Marienkäfer *Halycia sedecimguttata* ernährt sich von Mehltau. England.

rechts oben Das Männchen der Zartspinne *Anyphaena accentuata* ›klopft‹ bei einem Weibchen an und wartet auf Antwort. England.

rechts unten Ein Männchen der Eichenschrecke (*Meconema thalassinum*).

Die Weibchen dieser Spinnenfamilie bewachen ihre Eier oftmals, bis die kleinen Spinnen geschlüpft sind, und einige Arten, wie etwa *Theridion sisyphium*, füttern die Jungen Mund-zu-Mund mit hochgewürgten Magensäften. Die Eichenblätter selbst, zumindest die verwelkten, dienen dem C-Falter (*Polygonia c-album*) als ›Modell‹. Mit geschlossenen Flügeln gleicht der Edelfalter einem ausgefransten, toten Eichenblatt, und die weiße, c-förmige Zeichnung sieht aus wie ein Loch, durch das Licht fällt. Häufig sonnt sich der C-Falter am Waldrand, denn Schmetterlinge benötigen Wärme, um aktiv zu bleiben. Manche Weißlinge nehmen sogar eigens zum Sonnenbaden eine spezielle Haltung ein, bei der die Flügel eine größtmögliche Menge an Wärme auf den Körper reflektieren. Der C-Falter ist einer der wenigen Schmetterlinge, die den Winter als Imago verleben, und das sogar im Freien, nicht an einem geschützten Ort.

links Das Weibchen der Kugelspinne *Theridion varians* bewacht seinen Eikokon unter einem Eichenblatt. England.

unten Mit geschlossenen Flügeln gleicht der C-Falter (*Polygonia c-album*) einem verwelkten Eichenblatt. England.

rechts Beim Sonnenbad zeigt der C-Falter die gelbbraune Oberseite seiner Flügel.

vorhergehende Seiten Der kleine Perlmuttfalter *Boloria semele* profitiert von einer Niederwaldbewirtschaftung. Europa.

unten Der gelbe Zipfelfalter *Thecla betulae* lebt bevorzugt an Waldrändern.

ganz unten Der Skabiosen-Scheckenfalter (*Euphydryas aurinia*) kommt häufig an Waldschneisen vor. Europa.

rechts Die Männchen des Aurorafalters *Anthocharis cardamines* begeben sich häufig am Waldrand oder an offenen Schneisen auf Partnersuche.

oben Der Kleine Eisvogel (*Limenitis camilla*) besucht Brombeerblüten am Waldrand.

rechts oben Der Augenfalter *Pyronia tithonus* nimmt ein Sonnenbad.

rechts unten Der Schönbär (*Callimorpha dominula*) ist ein tagaktiver Bärenspinner. Deutschland.

An Waldwegen und auf Lichtungen, wo Blumen und Gräser in Hülle und Fülle wachsen, finden sich zahlreiche Augenfalter und andere Schmetterlinge ein. Auch die Brombeersträucher am Waldrand locken viele Arten an, so zum Beispiel das Braungeränderte Ochsenauge (*Pyronia tithonus)* und den Braunen Waldvogel (*Aphantopus hyperantus*). Die jungfräulichen Weibchen der letzteren Spezies ziehen zu den blumenübersäten Lichtungen und bieten sich dort mit gespreizter Flügelhaltung den Männchen an. Wenn ein Männchen vorbei fliegt, ohne das offenkundige Posieren zu registrieren, fliegt das Weibchen auf und lässt sich ein paar Sekunden lang von ihm jagen, bevor es sich zur Paarung bereit zeigt. Die bereits befruchteten Weibchen verhalten sich dagegen unauffällig und halten ihre Flügel geschlossen. Beide Schmetterlingsarten sind typische Augenfalter. Die kleinen Augenflecken auf den Flügeln lenken angreifende Vögel vom Körper des Schmetterlings ab, so dass der pickende Schnabel im Notfall ›lediglich‹ ein entbehrliches Stück eines Flügels abreißt. Währenddessen kann sich der Falter in Sicherheit bringen, denn auch nach dem Verlust großer Flügelteile fliegen Schmetterlinge noch erstaunlich gut. Ein paar Schnabelhiebe können auch einigen Nachtfaltern nicht viel anhaben. Der wirkungsvolle ›chemische Schutz‹ des prächtigen Schönbärs (*Callimorpha dominula*) kommt meist gar nicht erst zur Anwendung, da seine Warnfärbung Feinde auf Abstand hält.

›Chemische Waffen‹ schützen jedoch nicht vor allen Feinden. In der Regel werden Marienkäfer gemieden, denn bei Gefahr lassen sie eine bittere, gelbe Blutflüssigkeit aus ihren Kniegelenken treten, die nicht nur schlecht schmeckt, sondern auch giftig ist. Vogelküken, die mit Siebenpunkt-Marienkäfern (*Coccinella septempunctata*) gefüttert werden, überleben dies nicht. All das scheint jedoch die

winzige Brackwespe *Perilitus coccinellae* nicht zu stören. Sie legt ihre Eier auf Marienkäfern ab, und die Larve entwickelt sich im Inneren des lebenden Wirts. Wenn der Parasit sich schließlich an seiner Unterseite herausfrisst, lebt der Käfer immer noch. Dann befestigt die Larve den sterbenden Marienkäfer mit einem Gespinst am Blatt und verpuppt sich unter dem schützenden, weil warnend gefärbten Körper seines Opfers.

An den Sumpf-Kratzdisteln entlang der Waldwege findet sich oft die Gallen verursachende Fruchtfliege *Xyphosia miliaria*. Diese Insekten, die auch unter dem Namen Bohrfliege bekannt sind, haben häufig hübsche, bunt schillernde Augen und prächtig gebänderte Flügel. Das Weibchen sticht seinen ausstülpbaren Legebohrer in die Blütenköpfe und Stängel vieler Pflanzen, besonders aus der Distelfamilie, welche daraufhin an der Einstichstelle Gallen entwickeln. Die Männchen der *Xyphosia miliaria* senden Pheromone aus, um ein Weibchen anzulocken. Andere männliche Fruchtfliegen-Arten spucken für das Weibchen einen schnell erhärtenden Schaum aus, den sie das Weibchen erst fressen lassen, wenn es sich mit ihnen gepaart hat.

Auf weißen Blüten am Waldrand sitzt oft die Krabbenspinne *Misumena vatia,* die dort aufgrund ihrer Färbung kaum von der Umgebung zu unterscheiden ist. Diese Spinne, die nicht nur in Europa, sondern auch in Nordamerika weit verbreitet ist, ist nicht allein auf weiße Blüten angewiesen. Innerhalb weniger Tage kann sie

oben Zwei Braune Waldvögel (*Aphantopus hyperantus*) bei der Paarung. England.

links Gallen verursachende Fruchtfliegen der Art *Xyphosia miliaria* paaren sich auf ihrer Futterpflanze, der Sumpf-Kratzdistel.

ihre Farbe in Gelb ändern, wodurch ihr eine größere Auswahl an Blüten zur Verfügung steht. Wie alle Krabbenspinnen betäubt sie ihr Opfer mit einem schnell wirkenden Gift. Sobald die Spinne zu fressen begonnen hat, ignoriert sie jede andere potentielle Beute und lässt Insekten völlig unbehelligt über ihren Körper krabbeln, denn wie die meisten frei jagenden Spinnen legt sie keine Nahrungsvorräte an. Webespinnen hingegen hören oft gar nicht mehr auf zu töten, wenn sie die Möglichkeit haben, und füllen ihre Speisekammer mit lauter fein säuberlich eingesponnenen Fleischvorräten. Anders als die *Misumena vatia* suchen sich die Krabbenspinnenarten der Gattungen *Xysticus* und *Philodromus* keinen passenden Untergrund, sondern sitzen oft weithin sichtbar auf leuchtend bunten Blüten. Dennoch scheinen sie recht erfolgreich zu überleben, und manchmal sitzt sogar eine weiße *Misumena vatia* auf einer roten oder blauen Blume und macht immer noch reichlich Beute. Natürlich sind die Spinnen in diesen Momenten ohne Tarnung und daher kaum vor Feinden geschützt.

Viele Waldgebiete sind reich an kleineren Gewässern. Schattige Tümpel haben zwar meist nicht viel mehr zu bieten als einen dunklen Teppich aus totem Laub, doch an sonnenbeschienenen Teichen gibt es zahlreiche Pflanzen und Insekten. Die auffälligsten sind die Libellen mit ihrem einzigartigen Paarungsverhalten. Sie bilden das so genannte Paarungsrad, bei dem das Weibchen die Spitze seines Hinterleibs nach vorne und oben biegt und mit den Geschlechtsorganen des Männchens nahe dem Hinterleibsansatz verbindet. In dieser ungewöhnlichen Stellung fliegt das Paar fast so schnell wie eine einzelne Libelle und ist daher während der Paarung weniger angreifbar.

unten Da das Weibchen der Krabbenspinne *Misumena vatia* völlig mit seiner Beute, einer Fliege, beschäftigt ist, hat die Honigbiene nebenan nichts zu befürchten. England.

nächste Seiten Eine Libelle der Art *Erythemis implicicollis* frisst an ihrer Beute.

5 LEBEN IM REGENWALD

In den Regenwäldern Zentral- und Südamerikas sind besonders viele Insekten beheimatet, doch auch die tropischen Wälder Afrikas und Asiens haben einiges zu bieten. In Madagaskar leben beispielsweise zahlreiche Arten, die sonst nirgendwo auf der Erde vorkommen, wie der Giraffenrüssler (*Trachelophorus giraffa*) und *Lixus barbiger*, ein weiterer Rüsselkäfer. Auch wenn der Name anderes vermutet lässt – Regenwälder sind keineswegs immer feucht, und manchmal fällt über Wochen kaum Niederschlag. In solchen Trockenzeiten werfen einige Bäume all ihre Blätter ab, doch in den meisten tropischen Wäldern verlieren sie kontinuierlich immer nur einige wenige Blätter. Anders als in sommergrünen Laubwäldern, bei denen die Blätter alle zur gleichen Zeit abfallen, bildet sich am Regenwaldboden daher kein dichter Laubteppich. Zudem ist das Laub am Boden einem zügigen Verwesungsprozess ausgesetzt.

Durch das Abholzen von Bäumen greift der Mensch in die Öko-systeme vieler Regenwälder ein, doch paradoxerweise lassen sich gerade hierdurch viele Arten aufspüren, die im unberührten Urwald nur schwer

links Der Fleckenfalter *Myscelia orsis* ist einer der vielen eindrucksvoll gefärbten Schmetterlinge im brasilianischen Regenwald.

rechts Ein Wasserfall im Regenwald Ugandas.

zu entdecken sind. Wo Bäume gefällt werden, entstehen kleine Lichtungen, wie sie auch auf natürliche Weise von umstür-zenden Baumriesen geschlagen werden. An diesen Plätzen finden sich schnell zahlreiche Insekten ein, angelockt sowohl von dem gefallenen Baum selbst, in dessen morsches Holz sie ihre Eier ablegen, als auch vom plötzlichen wilden Pflanzenwuchs. Im dunklen Urwald ist dagegen außer einigen spezialisierten Tieren, wie etwa lichtscheuen Schmetterlingsarten, nicht viel zu sehen. Auf der Suche nach Gliederfüßern hält man sich daher am besten an Straßen oder breite Pfade, entlang denen das Sonnenlicht auf den Waldboden fällt. Auch Flüsse bilden solche Lichtschneisen. An ihren Ufern wachsen mehr Blumen und leben weit mehr Insekten als sonstwo im Regenwald.

unten *Junonia rhadama* aus Madagaskar kommt sowohl in laubabwerfenden als auch in immergrünen Regenwäldern vor.

ganz unten Dieses Giraffenrüssler-Männchen (*Trachelophorus giraffa*) wurde in Madagaskar fotografiert.

rechts Der behaarte Rüsselkäfer *Lixus barbiger* ist eines der zahlreichen Insekten, die ausschließlich in Madagaskar heimisch sind.

Manche Insekten, wie die hübschen Grillen der Gattung *Nisitrus* aus Sumatra, bevorzugen das offenere Gelände entlang den Flüssen. Im Gegensatz zu den meisten Grillen sind sie am Tag aktiv, so dass ihr faszinierendes Balzverhalten gut zu beobachten ist: Am Anfang sitzt das Männchen vor dem Weibchen und zirpt sein Liebeslied. Schließlich dreht es dem Weibchen seine Kehrseite zu, dieses krabbelt auf den Rücken des Männchens und knabbert an speziellen Drüsen auf seinem Hinterleib. Dann heftet das Männchen ein Samenpaket (Spermatophore) an den Körper des Weibchens, springt unter ihm weg und nimmt wieder seine Ausgangsposition ein. Die folgenden 20 Minuten bewacht es das Weibchen und wartet, bis der Samen aus der Spermatophore in den Körper des Weibchens gewandert ist. Wenn es soweit ist, gibt das Männchen mit dem Hinterbein ein Zeichen, woraufhin das Weibchen die nun leere Spermatophore frisst. Der gesamte Vorgang wird so lange wiederholt, bis das Weibchen mehrere Samenpakete verspeist hat.

Viele Menschen stellen sich den Regenwald in leuchtend bunter Blumenpracht vor, mit Girlanden aus in allen Farben schillernden Schmetterlingen. Doch stattdessen sind Grün und Braun die vorherrschenden Farben, zumindest im dunklen unteren Bereich des Waldes. Die wenigen Blumen, die hier blühen, sind enttäuschend

links Umgestürzte Bäume, wie dieser Baumriese in Brasilien, schaffen wichtige Lichtungen im Regenwald.

oben Hier fällt auf die untere Vegetationsschicht ausreichend Licht, so dass zahlreiche Insekten, wie etwa die *Nisitrus*-Grillen, angelockt werden.

rechts oben Das *Nisitrus*-Grillenmännchen (links) hebt seine Deckflügel und zirpt für das Weibchen.

rechts unten Das Weibchen hat auf die Werbung des Männchens reagiert. Es klettert auf seinen Rücken und verzehrt dort bestimmte Absonderungen.

links *Ithomia pellucida* ernährt sich vorwiegend von unauffälligen Blüten im unteren dunkleren Bereich des Regenwalds. Trinidad.

ganz oben *Acraea sotikensis* aus Kenia.

oben Die Nymphe der *Microcentrum*-Laubheuschrecke frisst eine Hibiskusblüte. Trinidad.

unten *Cephalotettix pilosus,* eine Feldheuschrecke, auf einer *Ipomoea*-Blüte am Rande des mexikanischen Regenwalds.

ganz unten Winzige, frisch geschlüpfte Heuschreckennymphen fressen an einem Bananenblatt. Trinidad.

rechts Schmetterlingsraupen der Art *Actinote pellenia* in Trinidad. Sie profitieren von kleinen Eingriffen des Menschen im Regenwald, da in den geschlagenen Lichtungen ihre Nahrungspflanze hervorragend gedeiht.

nächste Seiten *Anasa varicornis,* eine Lederwanze. Trinidad.

klein und farblos. Trotzdem finden manche Schatten liebende Falter sie immer noch. Viele Arten, die hier in Bodennähe leben, sammeln erst gar keinen Blütennektar, sondern bevorzugen andere Pflanzensäfte, Dung oder faulende Früchte. Die Schmetterlinge, die Blüten besuchen, leben häufig am Rande des Regenwalds an Lichtungen oder Straßen, wo der Blumenwuchs dichter ist. Dort teilen sie sich den Lebensraum mit Feld- und Laubheuschrecken, die ganze Blütenteile vertilgen; dadurch reichern sie ihre Blätternahrung mit proteinreichen Pollen an.

Da das Laub des Regenwalds oft viele Jahre an einem Baum überdauert, müssen die Blätter hart und widerstandsfähig sein. Oft enthalten sie sogar unverdauliche Bestandteile oder giftige beziehungsweise widerlich schmeckende Substanzen. Bei den abgeworfenen Blättern haben solche Verteidigungsstoffe ihre Wirkung verloren, und eine ganze Brigade von Insekten verwertet am Boden den ständigen Nachschub von oben. Die größten Recycling-Experten sind die Termiten: Die blinden Arbeiterinnen der Riesentermite *Macrotermes* etwa sammeln abgestorbene Pflanzenteile,

ganz oben Die *Zaprionus*-Taufliegen trinken von dem gärenden Saft, der aus einer Wunde im Baumstamm austritt. Kenia.

oben Auch faulende Früchte locken Taufliegen an wie diese *Drosophila* in Trinidad.

rechts Mit ihren Mundwerkzeugen kann diese Nymphe einer Laubheuschrecke große Stücke aus dem Fallobst herausbeißen. Trinidad.

fressen sie und düngen dann mit ihrem Kot eine besondere Pilzart, die sie in unterirdischen Nestern züchten.

Im Regenwald wimmelt es von großen, Pflanzensaft saugenden Wanzenarten. Aus beschädigten Baumstämmen sickern mitunter große Mengen Saft, beginnen zu gären und verbreiten dabei einen stechenden Geruch, der zahlreiche Insekten anlockt, besonders Taufliegen, Schmetterlinge und Blatthornkäfer. Fallobst zieht ebenfalls Taufliegen an, aber auch größere Gliederfüßer wie Laubheuschrecken und Falter.

Manche Insektenarten ernten Kleinstpflanzen. So lassen sich in einigen asiatischen Regenwäldern breite Kolonnen der *Hospitalitermes*-Termiten beobachten, die sich die Baumstämme hinunter und über den Waldboden schlängeln. Jede Arbeiterin trägt ein Päckchen aus Krustenflechten im Maul, die sie auf den sonnenbeschienenen Baumkronen geerntet hat. Wie bei den Riesentermiten sind auch hier die Arbeiterinnen blind und finden durch Geruchsspuren in ihr Nest zurück. In den geordneten Kolonnen marschieren die heimkehrenden Arbeiterinnen in der Mitte und die zur Ernte ziehenden in den zwei Außenspuren, zusätzlich wird der Zug von einem äußeren Spalier aus Soldaten bewacht.

Schlammige Wege und sandige Flussufer ziehen zahlreiche Falter an, vor allem kommen sie zu den Stellen, an denen größere Tiere uriniert haben. Kot, besonders der von Fleischfressern wie Leoparden oder Zibetkatzen, ist noch attraktiver. Der dichte, raschelnde Schwarm von Schmetterlingen, die um einen Platz auf dem stinkenden Haufen kämpfen, besteht ausschließlich aus Männchen. Anscheinend benötigen sie den Stickstoff und bestimmte

unten Bandfüßer auf einem umgestürzten Baum in Costa Rica.

Salze aus dem Kot zur Produktion der vielen Spermatophoren, die sie den Weibchen während der Paarung anheften. Selbst ein kleines Häufchen Vogelkot übt einen unwiderstehlichen Reiz auf diverse Regenwald-Insekten wie Fliegen, *Alydus*-Wanzen und einige Schmetterlingsarten aus. Manche Falter, insbesondere die Mitglieder eines gelb-schwarz gestreiften Mimikry-Rings (siehe Glossar), begleiten aus diesem Grund die Kolonnen der Treiberameisen auf ihren Raubzügen. Denn diese werden auch von Ameisenvögeln verfolgt, die sowohl Ameisen als auch andere von der Kolonne aufgescheuchte Insekten aufpicken. Rund um den Raubzug dieser Ameisen fällt daher unverhältnismäßig viel Vogelkot an.

Wo Pflanzenfresser leben, sind auch die Fleisch- oder Insektenfresser nicht weit, die sich von ihnen ernähren. Zu den beachtlichsten Räubern zählen die Spinnen der Gattung *Nephila*. Die riesigen Weibchen, die größten Radnetzspinnen überhaupt, leben in imposanten Netzen aus extrem starken, gelblichen Spinnfäden. Die viel

oben Dieser Fleckenfalter der Art *Cyrestis camillus* gewinnt seine Nahrung unter anderem aus den Ausscheidungen anderer Tiere. Kenia.

rechts oben Auch der Fleckenfalter *Salamis parhassus* nimmt Nährstoffe aus Dung auf. Kenia.

rechts unten Schmetterlinge der Art *Graphium doson* trinken an einem Flussufer in Malaysia.

nächste Seiten Der Kothaufen einer Zibetkatze hat viele Schmetterlinge angelockt. Uganda.

kleineren Männchen verbringen die meiste Zeit im Netz eines Weibchens und streiten miteinander unablässig um den besten Platz nahe dem Weibchen im Zentrum des Netzes. Das Männchen, das diesen bevorzugten Platz ergattert hat, kann jederzeit auf das Weibchen gleiten und die Paarung versuchen. Außerdem hat es keinen weiten Weg mehr zu den Nahrungsvorräten, die das Weibchen nahe der Netzmitte lagert. Die Beutetiere der Spinnen sind zwar meist kleiner als sie selbst, doch unter einer bestimmten Größe lohnt der Aufwand nicht, und die winzigen Männchen werden in der Regel von ihren hünenhaften Geschlechtspartnerinnen in Ruhe gelassen. Gelegentlich verfangen sich in den Netzen auch große Zikaden und sogar Vögel.

ganz links Ein Weibchen der Spinnenart *Nephila davicaps* macht sich über eine Zikade her. Auf dem Zikadenflügel sieht man das winzige Männchen herumkrabbeln. Argentinien.

links *Nephilengys malatanesis* frisst eine Raupe. Sumatra.

unten *Portia labiata,* eine als welkes Blatt getarnte Springspinne, dringt in ein fremdes Netz ein. Sumatra.

Während *Nephila*-Spinnen ihre großen Netze über weite Distanzen hinweg zwischen Bäumen spannen, errichten andere, wie etwa die *Nephilengys*-Arten, ihre Fallen unten um die Stämme herum. Auch *Nephilengys*-Männchen sind viel kleiner als die Weibchen, doch die Beziehungen zwischen den Geschlechtern sind bemerkenswert friedlich, und unbehelligt führt das Männchen sein Leben neben dem riesenhaften Weibchen. Bei den sozialen Spinnen, von denen mehrere Arten im Regenwald vorkommen, sind die Beziehungen sogar noch dauerhafter. Die Netze der Kugelspinne *Anelosimus eximius* in Südamerika ziehen sich häufig über mehrere Bäume und Sträucher. Darin verfangen sich auch große Insekten wie Libellen, die für eine einzelne Spinne gar nicht zu bewältigen wären. Doch gemeinsam lässt sich auch diese Beute bezwingen. Je größer das Opfer und je heftiger es sich wehrt, desto mehr Spinnen laufen los, um es zu töten. Der Gemeinschaftssinn hört auch beim Fressen nicht auf, es entsteht keinerlei Streit, wer welches Stück bekommt. Die winzigen Nachkommen leben in Kinderkrippen und werden unterschiedslos von allen Weibchen mit hochgewürgter Nahrung gefüttert. In den riesigen Netzgebilden halten sich auch die Raupen des Nachtfalters *Neopalthis madates* auf; sie ernähren sich von Beuteresten, die die Spinnen übrig lassen.

In vielen asiatischen Wäldern sehen sich die einheimischen Spinnenarten von einem bizarren und überaus geschickten Jäger bedroht, der Springspinne *Portia labiata*, die mehr an ein verwelktes Blatt als an eine Spinne erinnert. Dieses verblüffend intelligente Tier springt andere Spinnen in ihrem Netz an – möglicherweise prägt es sich erst die Position seines Opfers ein, um dann auf komplizierten Umwegen eine geeignete Stelle zum Absprung zu suchen. Der raffinierte Jäger lockt sogar Spinnen in die Falle, indem er durch Zupfen an ihrem Netz ein sich in den Fäden verfangenes Insekt vortäuscht. Die Netzbewohnerin, die sofort zu ihrer vermeintlichen Beute hinläuft, endet stattdessen selbst als Mahlzeit der wartenden *Portia*.

links Für das Weibchen der Scharfaugenspinne *Oxyopos schenkeli* ist ein Schmetterling ein besonderer Leckerbissen. Uganda.

ganz oben Eine *Acontista*-Fangschrecke verspeist einen Schmetterling. Trinidad.

oben Eine große Springspinne tut sich an einer Laubheuschrecke gütlich.

Viele Spinnen bauen keine Netze, sondern sitzen einfach auf Blättern und schlagen zu, wenn sich ein Beutetier nähert. Fangschrecken verhalten sich ähnlich, doch Springspinnen sind die aktiven Jäger par excellence: Mit ihren scharfen Augen taxieren sie erst die Distanz und springen dann mit beeindruckender Genauigkeit ihr Opfer an. Sie attackieren sogar oft Insekten, die viel größer sind als sie selbst. Ihr Trick ist dabei, sich mitsamt der Beute an ihrer Fangleine fallen zu lassen und in der Luft hängen zu bleiben, so dass das Opfer keinen Halt mehr finden kann.

Eine der bemerkenswertesten Fangmethoden haben die netzwerfenden Kescherspinnen entwickelt. Diese in der Regel sehr seltenen und schwer aufzuspürenden Tiere treten stellenweise in großer Häufigkeit auf, wie etwa in einigen Regenwäldern an der Atlantikküste Brasiliens. Statt ein Netz zu bauen und sich abwartend hinein zu setzen, hält diese Spinne ihr handliches, extrem dehnbares und locker zusammengezogenes Netz zwischen den zwei vorderen Beinpaaren bereit. Nähert sich ein Insekt, zieht sie das Netz plötzlich zu seiner vollen Größe auf und wirft es über das Opfer. Ruhig sitzend ähnelt die Spinne einem kleinen Zweig und ist daher nur schwer auszumachen.

Raubwanzen, auch Mordwanzen genannt, sind Furcht erregende Räuber. In Regenwäldern gibt es sie in großer Zahl und enormer Größe. Manchmal werden sie von kleinen schwarzen Fliegen begleitet, die darauf warten, dass die mörderische Wanze ihrem Namen gerecht wird. Sobald die Wanze ihr Opfer mit dem Rüssel mehrfach ansticht, scharen sich die winzigen Insekten sofort um die triefenden Wunden, um die austretenden Körpersäfte aufzunehmen. (Die gleichen Fliegen sitzen oft auch auf dem Rücken von Spinnen und warten dort auf eine Mahlzeit.) Einige südamerikanische Raubwanzenarten verlassen sich beim Beutefang nicht allein auf ihre Jagdkünste, sondern reiben manchmal zusätzlich ihre Vorderbeine mit dem Harz aus beschädigten Bäumen ein. Der Geruch lockt Stachellose Bienen an, die Harz für ihren Nestbau sammeln und geradewegs in die Falle der Wanze fliegen. Einige sehr schlanke Raubwanzen können sich in Spinnennetzen bewegen, ohne sich zu verfangen; dort ernähren sie sich von der Beute der Spinnen oder von den Spinnen selbst. Der Speichel einer Raubwanze, in einen menschlichen Finger injiziert, ist äußerst schmerzhaft. Vermutlich werden die Beutetiere dadurch sehr schnell getötet. Der Speichel löst das Opfer regelrecht von innen auf. Dabei wird ein Brei produziert, den die Wanze aufsaugt. Häufig tragen Wanzen ihre Beute wie eine Trophäe auf dem Rüssel aufgespießt herum, so dass sie wenn nötig schnell hinter ihr in Deckung gehen können.

links Eine Kescherspinne in Brasilien.

unten Winzige Fliegen sitzen auf einer Honigbiene, der Beute einer Raubwanze. Uganda.

LEBEN AUF DEM BAUMSTAMM

oben Jede tropische Region der Erde hat ihre eigene große Laubheuschreckenart, die auf Baumstämmen wohnt. Diese hier, *Cymatomera denticollis* aus Afrika, ist wahrscheinlich am perfektesten an ihren Lebensraum angepasst. Farbe und Form der breiten Beine mit den gewellten Rändern und der lappigen Auswüchse auf dem Bruststück ahmen die blass grünlichen Flechten nach, die auf der Baumrinde wachsen. Die fleckigen Flügel verschmelzen optisch mit verschiedenen Rindenstrukturen. Das Tier presst Körper und Flügel eng an den Stamm, um die Schattenbildung zu minimieren. Verräterische Schatten zu vermeiden ist für Baumrindenbewohner übrigens ein wesentlicher Teil der Tarnung.

oben rechts Die Raupe eines Gluckenfalters im kenianischen Regenwald hat den Schattenwurf durch zwei Strategien ausgeschaltet. Zum einen liegt ihr zylindrischer Körper in einer kleinen Spalte in der Rinde. Zum zweiten lässt die dichte Behaarung an den Seiten ihres Körpers die Raupe mit der Rinde fast nahtlos verschmelzen. Dieses Exemplar wurde nur entdeckt, weil es sich bei einer versehentlichen Berührung plötzlich aufrichtete. Trotz der raffinierten Tarnung waren mehrere Raupen in der Nähe mit den Puppen einer kleinen Brackwespenart übersät. Die Wespen hatten ihre Wirte zweifellos nicht mit den Augen, sondern mit ihrem Geruchssinn aufgespürt.

oben Auf der Rinde von Regenwaldbäumen streift meist eine große Zahl raffiniert getarnter Raubwanzenarten unbemerkt umher. Dies ist *Euphena pallens* aus Südamerika. Sie ähnelt verschiedenen *Carcinomma*-Arten in Afrika.

links Rindenwanzen ernähren sich hauptsächlich von Pilzen, die die Rinde kranker Bäume befallen. Mit ihrem abgeflachten Körper schlüpfen sie bequem unter die sich langsam ablösende Rinde, dorthin, wo für sie die meiste Nahrung zu finden ist. Einige tropische Arten fressen jedoch auch gemeinsam außen auf pilzbefallenen Bäumen und Holzteilen.

unten links Nicht immer sitzen Nachtfalter tagsüber mit senkrechtem Körper an einem Baumstamm, so dass ihre Flügel rechtwinklig zum Stamm stehen. Viele Arten richten ihre Flügel senkrecht aus, so wie dieser Eulenfalter der Art *Netis buteo* in einem Wald in Trinidad.

ganz links Viele Bockkäfer sind nachtaktiv und müssen sich tagsüber vor den Augen ihrer Fressfeinde verbergen. Daher sind einige Arten ähnlich wie die Baumstämme gefärbt, auf denen sie leben, so auch *Ancylonotus tribulus* aus Uganda. Diese Art hält die langen Fühler zur Seite, doch bei manchen Bockkäfern sind sie zur besseren Tarnung über die Deckflügel zurückgebogen und hinten flach gegen die Rinde gedrückt.

links Diese südamerikanische Stabschrecke gleicht den grünen Lianen, die sich die Baumstämme des Regenwalds hochwinden und hier zu beiden Seiten des Insekts zu sehen sind.

unten Der geschlechtsreife Harlekin-Bockkäfer (*Acrocinus longimanus*) ist gerade aus seiner Puppe in einem toten Baum geschlüpft. Das große ovale Loch im Holz unter ihm ist das typische Bohrloch seiner Larve. Die Imagines sind tagaktiv und häufig mit tausenden von winzigen symbiotischen Milben bedeckt, die bei den Larven leben und sich von den Käferweibchen auf der Suche nach einer Stelle zur Eiablage zu neuen Plätzen tragen lassen.

RAFFINIERTE TARNUNG

links oben Die weit verbreitete Spinne *Cyclosa insulana* webt im Zentrum ihres Netzes eine dichte Spirale aus glänzenden weißen Spinnfäden. Nahe der Mitte platziert sie sich dann neben einigen sorgfältig arrangierten Überresten früherer Beute, denen sie selbst stark ähnelt. Nur ein geübtes Auge kann die Spinne ausmachen, obwohl sie durch nichts verdeckt wird.

links unten Der Fotograf hielt diesen *Alcidodes*-Rüsselkäfer im Regenwald Kenias erst für ein abgebrochenes Stückchen eines Zweiges, von denen unzählige am Boden herumliegen, besonders, nachdem kräftige Regenfälle alle auch nur annähernd losen Pflanzenteile aus den Baumkronen geschwemmt haben. Das raue orangefarbene Hinterende des Käfers ahmt die zackige, blasse Bruchstelle eines Zweiges nach.

rechts Viele Krabbenspinnen sind ihrer Umgebung angeglichen. Hier hat ein Dickkopffalter die lauernde *Misumenops*-Krabbenspinne auf den weißen Blüten am Regenwaldrand in Trinidad übersehen.

unten Der Rüsselkäfer *Rhigus horridus* sitzt in der Regel hoch über dem Boden auf einem Blatt. Selbst falls er als Lebewesen – und damit als potentielle Mahlzeit – wahrgenommen wird, macht sein harter, klobiger Körper keinen sonderlich appetitlichen Eindruck. Wie die meisten seiner Verwandten reagiert der Rüsselkäfer sofort auf jede Störung: Er springt von seinem Blatt und lässt sich wie ein Stein fallen. Am Regenwaldboden ist er dann zwischen dem blassen abgestorbenen Laub praktisch unsichtbar. Brasilien.

ganz oben Auf der gelben Blüte ist die Krabbenspinne der Gattung *Thomisus* nahezu unsichtbar; der Schmetterling hatte kaum eine Chance.

oben Die riesige Raupe des *Caligo teucer insulanus*, eines mächtigen Brassoliden aus Trinidad, sitzt tagsüber auf dem großen Blatt einer Helikonie, ihrer Futterpflanze. Die Raupe hat sich exakt an der tiefer liegenden mittleren Blattrippe ausgerichtet, denn in dieser Position fällt sie viel weniger auf, als wenn sie auf den konvexen äußeren Teilen des Blattes säße.

rechts oben Die Verteidigungsstrategie der Raupe des *Eutelia*-Eulenfalters in Kenia funktioniert auf zwei Ebenen: Erstens ist sie unter der getrockneten Kruste aus ihrem eigenen Kot kaum als Raupe zu erkennen. Zweitens bietet sie den meisten Räubern, selbst wenn diese ihre Tarnung durchschauen sollten, keinen besonders appetitlichen Anblick.

rechts unten Zwei Schadspinner der Art *Noroma nigrolunata* paaren sich offen im Tageslicht auf der gerade verlassenen Puppenhülle des Weibchens. Der Fotograf hielt die Insekten zuerst für eine weiße Vogelfeder – kein ungewöhnlicher Anblick im ugandischen Regenwald. Mehrmals lief er an ihnen vorbei, bevor er aus Ermangelung anderer interessanter Objekte schließlich genauer hinsah. Männliche Falter suchen sich oft ein gerade erst aus der Puppe geschlüpftes Weibchen, denn Jungfräulichkeit ist für viele Gliederfüßermännchen ein wesentliches Kriterium bei der Partnersuche.

DAS ANDERE EXTREM – AUFFÄLLIGE WARNTRACHT

unten Insekten, die sich von den Ranken der Passionsblume ernähren, nehmen eine Vielzahl unangenehmer Substanzen auf. Der daraus resultierende ›chemische Schutz‹ wird den Fressfeinden in der Regel durch eine auffällige Warnfärbung kundgetan. Die Schmetterlingsraupe des *Heliconius sara* besitzt als zusätzliche Verteidigung lange Stacheln.

rechts Die Schmetterlingsraupe des Dickkopffalters *Coeliades keithloa* aus Kenia besitzt das schwarz-orange gestreifte Warnmuster, eine typische Tracht ›chemisch geschützter‹ Gliederfüßer auf der ganzen Welt. Die weite Verbreitung einer solch auffälligen Uniform ist ein Schlüsselelement der Mimikry und bietet ihren Trägern große Vorteile, denn den Räubern wird das experimentelle Erlernen einer verwirrenden Vielzahl unterschiedlicher Warnmuster erspart.

kleines Bild rechts Eine Warnfarbe ist in der Gruppe häufig noch wirkungsvoller, wie bei diesen Falterraupen in Mexiko, die hier ein giftiges Nachtschattenblatt fressen. Doch es gibt einen weiteren Grund zusammen zu bleiben. Die Raupen entstammen alle derselben Brut und sind daher Geschwister. Falls ein unerfahrener oder besonders hungriger Räuber doch einen Versuch riskiert und ein Mitglied der Gruppe tötet, wird die Ungenießbarkeit der Raupe ihn jedoch davon abhalten, weitere Tiere aus der Gruppe anzurühren. Der Tod des einzelnen Tieres sichert also das Überleben der Familie und bekommt auf diese Weise einen Sinn.

links Die Schwärmerraupen des *Pseudosphinx tetrio* sind große, eindrucksvolle Tiere. Sie fressen zwar allein, bilden manchmal aber spektakuläre Ansammlungen am Stamm ihrer Nahrungspflanze, die sie vollständig kahl fressen können. Peru.

unten Das deutlich sichtbare Paar Stinkdrüsen in der Mitte des Rückens lässt ahnen, warum sich die *Lyramorpha*-Wanzennymphen so auffällig an einem Blatt im australischen Regenwald versammeln. Wird die prächtige Schar gereizt, verströmt sie einen abstoßenden, Ekel erregenden Geruch.

ganz unten Wie bei vielen Insekten sind auch die Nymphen der großen Heuschrecke *Eutropidacris cristata* aus Südamerika aufgrund ihrer eingeschränkten Beweglichkeit – ihre Flügel sind noch nicht voll entwickelt – warnend gefärbt; die Imagines jedoch, die bei Gefahr davonfliegen können, zeigen eine unauffällige Färbung. Schwarz-gelbe Streifen sind ebenfalls eine typische Warntracht, die von so unterschiedlichen Tieren wie Raupen, Plattwürmern, Wespen und Spinnen getragen wird. Costa Rica.

oben Die Imagines der Lederwanze *Spartocera fusca* aus Mexiko leben einsiedlerisch und sind recht farblos, die Nymphen hingegen leben in Gruppen und sind auffällig gefärbt.

rechts Die meisten Gliederfüßer beginnen früh damit, ihr Leben zu sichern. Diese winzigen *Edessa*-Stinkwanzennymphen aus Trinidad tragen bereits ihre rote Warntracht, obwohl sie gerade erst geschlüpft sind. Die Imagines, große, eindrucksvolle Insekten, haben zwar noch eine gestreifte Unterseite, sind jedoch nicht mehr rot. Die erste Nahrung der Nymphen bilden die alten Eihüllen, mit denen sie lebenswichtige Bakterien zur Verdauung ihrer pflanzlichen Nahrung aufnehmen. Die Bakterien wurden vom Weibchen bei der Eiablage auf jedes Ei geschmiert und stammen aus speziellen Organen in seinem Körper.

vorhergehende Seiten Die meisten Feuerwanzen tragen Warnfarben, häufig ein tiefes Rot wie diese *Dindymus*-Art, die hier im Regenwald Sumatras eine kleine Raupe aussaugt. Viele Arten versammeln sich zu dicht gedrängten Gruppen, und zwar sowohl die Nymphen als auch die Imagines.

links Wie viele Falter in Warnfarben ist auch der Bärenspinner *Gymnelia ethodaea* aus Mexiko am Tag aktiv, wenn seine optische Warnbotschaft am besten vernommen wird. Er gehört zur Unterfamilie Ctenuchinae mit in der Mehrheit tagaktiven Arten, die in ihrem Aussehen häufig an Wespen oder Schlupfwespen erinnern.

Mitte links Eine weitere umfangreiche Spannergattung mit Warntracht bilden die *Dysphania*. Hier sitzt eine *Dysphania contraria* aus Sulawesi am Regenwaldboden. Vermutlich ist sie gerade aus ihrer Puppe geschlüpft.

rechts oben Manchmal bleibt die Warnfarbe verborgen, bis eine kritische Situation eine plötzliche, wirkungsvolle Färbung erfordert. In Ruheposition mit geschlossenen Flügeln ist *Dirphia avia* aus Trinidad recht unscheinbar. Doch bei Berührung spannt sie sich an, wirft die Flügel nach vorne und zeigt überraschend ihren schwarz-roten Hinterleib. Eine weitere Warntracht von *Dirphia*-Arten ist die Schwarz-Weiß-Musterung.

rechts unten Viele Larven des Regenwalds verbinden die Warnfarbe mit einem Schutzschild aus Stacheln, wie diese Bärenspinnerraupe aus Trinidad.

oben Der afrikanische Falter *Aletis erici* ist nicht nur als Einzeltier warnend gefärbt, er ist außerdem Mitglied eines umfangreichen Mimikry-Rings. Die meisten anderen Mitglieder sind typische Tagfalter, und das Vorbild des Rings, dessen Farbe und Musterung alle anderen nachahmen, ist vermutlich der weit verbreitete und häufig vorkommende afrikanische *Danaus chrysippus*.

rechts In Afrika gibt es einen schwarz-weißen Mimikry-Ring, der verschiedene ungenießbare *Amauris*-Arten, wie zum Beispiel den Danaidenfalter *Amauris ochlea*, imitiert. Ein Mitglied dieses Rings ist der essbare Schmetterling *Graphium philione*, der – anders als die meisten Ritterfalter – nicht die typischen ›Schwalbenschwänze‹ besitzt und so seinem schwanzlosen Vorbild *Amauris* noch näher kommt.

SCHUTZPANZER

Einige Insekten des Regenwalds sind problemlos genießbar und dabei so unbeholfen und langsam in ihren Bewegungen, dass sie bei Gefahr kaum flüchten können. Viele dieser Arten vertrauen auf eine doppelte Strategie: Sie sehen so unauffällig wie möglich aus und tragen für den Fall, dass sie dennoch entdeckt werden, einen schweren Schutzpanzer. Auch viele auffällig gefärbte Insekten sind mit einem Panzer gerüstet. So können sie Angriffsversuche unerfahrener Feinde ohne lebensbedrohliche Verletzungen überstehen.

ganz oben Die große Laubheuschrecke der Gattung *Phoberodema* aus Australien ist an einem Ast sitzend gut getarnt. Das Bruststück ist mit dicken, spitzen Stacheln ausgestattet. Bei Berührung streckt sie ihre stacheligen Beine von sich und versucht, ihre Hinterbeine über die Schnauze oder das Gesicht des Angreifers zu ziehen.

oben Die Laubheuschrecke *Cosmoderus erinaceus* aus dem ugandischen Regenwald verbringt den Tag versteckt zwischen zwei Blättern. Bei einem Angriff kann das flügellose Insekt nicht wegfliegen und ist allein auf seinen stacheligen Panzer angewiesen.

rechts Die große Laubheuschrecke *Pseudorhynchus pungens* aus Uganda beißt wild und kräftig um sich, wenn sie hochgenommen wird, und wegen des spitzen, steifen Horns am Kopf hätte ein Angreifer Schwierigkeiten, sie herunterzuschlucken.

EIABLAGE UND BRUTFÜRSORGE

unten Viele Schnellkäfer legen ihre Eier in kranken oder umgestürzten Bäumen ab. Der große hübsche *Semiotus insignis* aus Costa Rica trägt Warntracht. Auf der Suche nach dem besten Platz für die Eiablage ist das Weibchen schon über eine Stunde lang auf einem umgestürzten Baumstamm hin und her gelaufen und hat immer wieder mit seinem Legeapparat in der Rinde gestochert.

ganz unten Der Fäulnisprozess von Holz wird erheblich durch Pilze beschleunigt, deren Fäden das Innere des Stammes durchziehen. Wenn der Regen kommt, sprießen plötzlich die Fruchtkörper der Pilze aus dem Stamm. Das Weibchen des Käfers *Pselephacus giganteus* sucht die zarten Keime der Pilze, um sie an seine Brut aus winzigen, sich windenden Larven zu verfüttern. Hier sammelt das Weibchen seine Babys, um sie zu einer neuen Nahrungsquelle zu treiben. Unter der Fürsorge der Mutter fressen die Larven ununterbrochen und wachsen mit erstaunlicher Geschwindigkeit heran. Die Eile ist angebracht, denn die sich schnell ausbreitenden Pilze sterben schon nach wenigen Tagen wieder ab und zerfallen. Trinidad.

rechts Wo ein Regenwaldriese zu Boden gestürzt ist und dadurch Licht in den Wald fällt, wuchern schon bald dichte Rankpflanzen. Schmetterlinge kommen hierher zur Eiablage, wie dieses Weibchen der Art *Hamadryas amphinome* in Trinidad. Das Männchen erzeugt im Flug mit den Flügeln ein lautes knackendes Geräusch, das vermutlich mit der Sicherung des Reviers zusammenhängt.

oben Das Weibchen des Schildkäfers *Acromis sparsa* aus Südamerika legt seine Eier schnurförmig unter einem Blatt ab und bewacht sie bis zum Schlüpfen der Larven. Auch danach bleibt es bei der Brut und sitzt – außer beim Fressen – auf der dicht zusammengedrängten Gruppe. Nähert sich allerdings eine Ameise oder Raubwanze, verlässt das Weibchen seinen Platz, um sie fortzujagen. Entschlossen verteidigt die Mutter ihre Brut und bewacht sogar noch die Ansammlung von Puppen, die sich schließlich am Fuße der Nahrungspflanze bildet.

links Hier beobachtet das Raubwanzen-Weibchen der Art *Pisilus tipuliformis rufipes* in Uganda wachsam das Schlüpfen seiner Brut aus den Eiern, die es fast zwei Wochen lang gehütet hat. Anders als Schild- und Pilzkäfer verlassen Raubwanzen ihre Nachkommen, nachdem sie sicher geschlüpft sind.

rechts Im Schutze der Dunkelheit des brasilianischen Regenwalds wickelt das Weibchen einer *Deinopis*-Spinne vorsichtig Spinnfäden um den Beutel mit seinen Eiern, welcher an einem langen Faden über dem Boden hängt. Später wird es zur Tarnung einige kleine Stückchen welker Blätter über dem Beutel befestigen. Der Beutel verfärbt sich bald bräunlich und wird dann im düsteren Wald kaum noch zu sehen sein.

Das Paarungsspiel im Regenwald

Der Regenwald ist ein großer, komplexer und dicht bewohnter Lebensraum. Zu jedem Zeitpunkt suchen hier Millionen Insekten nach einem Geschlechtspartner. In diesem unüberschaubaren Chaos muss sich jede Art und jedes Geschlecht unmissverständlich bemerkbar machen können, denn nur so kann die Suche verkürzt und sichergestellt werden, dass sich nur Partner der richtigen Art angesprochen fühlen. Wenn sich Männchen und Weibchen einer Art gefunden haben, muss der Freier – in der Regel das Männchen – vor der Paarung meist erst noch seine Tauglichkeit in einem Werbungsritual unter Beweis stellen.

ganz oben Das winzige Männchen der *Nephila maculata* legt einen dünnen, nahezu unsichtbaren Spinnfaden über den Rücken des großen Weibchens. In der Regel ignoriert das Weibchen die Ausflüge des Männchens auf seinem massigen Körper, doch manchmal fühlt es sich gestört und schnippt das Männchen wie eine lästige Fliege mit seinen langen Beinen herunter. Warum das Männchen die Spinnfäden zieht, ist nicht bekannt, und oft findet die Paarung auch ohne diesen Vorgang statt, in der Regel, wenn das Weibchen anderweitig beschäftigt ist, etwa mit einer saftigen Fliege. Sulawesi.

oben Der große Bandfüßer *Nyssodesmus python* ernährt sich am Boden von abgestorbenem Laub und erfüllt so eine wichtige Aufgabe im Nährstoffkreislauf des Regenwalds. Bei der Partnerwerbung setzt sich das Männchen der Länge nach auf das Weibchen und knabbert an seinem Gesicht. Diese Überzeugungsversuche sind jedoch nur vereinzelt von Erfolg gekrönt, und nicht selten versuchen zwei Männchen gleichzeitig, dasselbe Weibchen in Paarungsbereitschaft zu versetzen, wie in dieser Szene im Regenwald Costa Ricas zu sehen ist.

ganz oben Stelzfliegen-Männchen wie zum Beispiel diese *Ptilosphen insignis* aus Trinidad werben für gewöhnlich mit ihren weißen Vorderbeinen, bevor sie ihre Spermatophore abgeben. Bei einigen Arten dreht das Weibchen seinen Kopf nach hinten und ›küsst‹ das Männchen, das auf seinem Rücken sitzt. Dabei übergibt das Männchen dem Weibchen einen Teil seines flüssigen Mageninhalts als ›Brautgeschenk‹.

oben Auch Fangschrecken kennen Rivalität. Vermutlich von Sexuallockstoffen des Weibchens angezogen, musste dieses *Acontista*-Männchen feststellen, dass schon ein anderes Männchen zur Stelle ist und sich mit dem Weibchen paart. Da sexuell empfängliche Weibchen Mangelware sind, kann der Neuankömmling sich nicht einfach in sein Schicksal fügen und sich zurückziehen, sondern muss versuchen, den Rivalen zum Absteigen zu zwingen. Dazu bemüht er sich – wie auf der Abbildung zu sehen, – diesen vom Körper des Weibchens zu stoßen. Wegen der äußerst starken genitalen Bindung ist es jedoch fast unmöglich, die Tiere mit Gewalt zu trennen. Für das Weibchen wäre es von Vorteil, sich mit einem neuen Partner zu paaren, der im Kampf einen Rivalen besiegt hat, doch in diesem Fall musste der Angreifer sein Unterfangen schließlich aufgeben und flog davon. Trinidad.

links Bei der afrikanischen Scharfaugenspinne *Oxyopos schenkeli* genügt eine kurze Streichelattacke des Männchens, damit sich das Weibchen an seiner Fangleine von einem Blatt fallen lässt. Das Männchen folgt ihm und wickelt es durch Umdrehungen in der Luft in einen Brautschleier aus Spinnfäden, bevor es zur Paarung kommt.

unten Männliche Sandlaufkäfer (hier *Cicindela aurulenta*) klammern sich mit ihren großen Kiefern über lange Zeit an einer speziellen Furche am Körper des Weibchens fest. Auf diese Weise reduziert das Männchen die Gefahr, in dem Zeitraum zwischen Begattung und Eiablage von einem Konkurrenten verdrängt zu werden. Borneo.

ganz unten Bei vielen Schmetterlingen flattert das werbende Männchen um das Weibchen herum und bestreut es mit ›Duft‹-Schuppen. Bei der Paarung kehren sie einander die Hinterleiber zu, doch, anders als diese *Neptidopsis ophiona* aus Kenia, halten die meisten Arten die Flügel geschlossen.

rechts Käferweibchen sind häufig über große Zeiträume nicht zur Paarung bereit. In dieser Zeit wird das Weibchen oft von einem Männchen belagert, das ständig darauf bedacht ist, Rivalen von ihm fern zu halten – in der Hoffnung, dass es schließlich doch noch akzeptiert wird. Damit der von rechts anrückende Rivale nicht zum Zug kommt, breitet dieses Käfermännchen (links) der Art *Neptunides polychromus* seine Vorderbeine über das Hinterende des Weibchens, entschlossen, diese so wichtige Körperregion gegen jeden Konkurrenten zu verteidigen. Uganda.

Ameisen des Regenwalds

Die unzähligen Ameisen im Regenwald reichen von kleinen Winzlingen bis zu drei Zentimeter langen Ungeheuern. Einige Ameisen sind Aasfresser, andere wie etwa die berüchtigten südamerikanischen Treiberameisen der Gattung *Eciton* Furcht erregende Räuber. Genau wie ihre afrikanischen Verwandten bauen sie keine dauerhaften Behausungen, sondern ›Biwaks‹, die aus einem riesigen Knäuel von Ameisen bestehen und häufig in einem hohlen Baumstamm hängen. Aus diesen Nestern werden Raubschwärme von bis zu 700 000 Individuen ausgesandt, die über die Umgebung herfallen und alle Insekten und Kleinsäuger töten, die ihnen in den Weg kommen. Mit Beute beladen eilen die Kolonnen aus Arbeiterinnen auf direktem Wege zurück zum Nest. Spalten im Boden überbrücken sie, indem sich ganze Massen von Ameisen aneinanderklammern. Die Nestgenossen rennen in vollem Tempo über die lebenden Brücken und schleppen dabei riesige Beutestücke mit sich. Wie bei vielen Termiten sind die Arbeiterinnen blind und folgen bei ihren komplexen Aufgaben Duftspuren, die von ›Kundschafterinnen‹ gelegt wurden.

Während Treiberameisen im südamerikanischen Urwald alles Tierleben in einem bestimmten Umkreis zeitweilig zum Erliegen bringen, üben Blattschneiderameisen eine ähnlich verheerende Wirkung auf Teile der Vegetation aus. Die Blatträuber können selbst mächtige Baumriesen schwer schädigen. Die breiten Kolonnen von Arbeiterinnen marschieren unentwegt die Baumstämme hinunter und über den Boden zu ihrem riesigen unterirdischen Nest. Jede trägt dabei ein schwankendes, unregelmäßig geformtes Stück Blatt, das sie zuvor mit ihren kräftigen Kiefern abgeschnitten hat. Die Ameisen fressen die Blätter nicht, sondern verwenden sie als Dünger für ihre Pilzgärten. Die gezüchteten Pilze bilden die allei-

unten Eine Ameise der Art *Ectatomma tuberculatom* zerrt eine riesige Schabe zu ihrem Nest. Trinidad.

rechts oben Treiberameisen der Art *Eciton burchelli* eilen über eine Brücke aus aneinander geklammerten Körpern ihrer Kolleginnen. Trinidad.

rechts unten Mehrere Treiberameisen der Art *Eciton burchelli* tragen gemeinsam einen großen Hundertfüßer zu ihrem Nest. Trinidad.

unten Eine Marschkolonne von *Atta sexdens*-Blattschneiderameisen überquert den Regenwaldboden in Brasilien.

ganz unten Blattschneiderameisen der Art *Atta cephalotes* in Costa Rica.

rechts oben Die Soldaten besitzen mächtige Köpfe und Kiefer.

rechts unten Drei *Dolichoderus atellaboides*-Ameisen ernähren sich von den Nektarien an den Blattansätzen eines Inga-Baumes in Brasilien.

nige Nahrung der Ameisen und wachsen ausschließlich in ihren Nestern. Die Soldaten dieser Tiere sehen mit ihrem großen Kopf und dem gewaltigen Kiefer sehr beeindruckend aus – Blattschneiderameisen zählen denn auch zu den wenigen Lebewesen, denen die Horden der Treiberameisen nichts anhaben können.

Es gibt aber auch Ameisenarten, die die Bäume keineswegs schädigen, Weberameisen beispielsweise nutzen die grünen Blätter nur vorübergehend als Nester. Hierzu heften die Arbeiterinnen einzelne Blätter vorsichtig mit Seidenfäden ihrer Puppen aneinander. Pflanzen können sogar von Ameisen profitieren, etwa indem diese ihre Feinde bewachen, wie zum Beispiel bestimmte Schmetterlingsraupen. Deren Drüsenabsonderungen rufen bei den Ameisen solch ein Verlangen hervor, dass sie eine ›lebende Hülle‹ über dem Körper der Raupe bilden und sie wenn nötig bis zum Tode verteidigen.

LEBEN AUF EINEM UMGESTÜRZTEN BAUM

Ein umgestürzter Baum bietet unzähligen Insekten einen idealen Lebensraum. Licht fällt auf den zuvor düsteren Waldboden, der Baum selbst beginnt seinen langen Verfallsprozess und lockt in der Anfangsphase viele Insekten an, die sich von Holz ernähren. Die ersten Ankömmlinge sind in der Regel Käfer, zum Teil farbenfrohe Exemplare wie der häufig vorkommende Bockkäfer *Sternotomis variabilis*. Die Weibchen beißen Löcher in die Rinde und drehen sich dann herum, um ihre Eier in den entstandenen Spalten abzulegen. Oft werden sie von Männchen begleitet, die sich, halb auf dem Weibchen hängend, hinter ihm herziehen lassen. Währenddessen paaren sie sich nicht, sind aber ständig in Bereitschaft, abzuspringen und andere Männchen fortzujagen. Die Begattung findet direkt vor der Eiablage statt. Auf diese Weise kann sich das Männchen der Vaterschaft sicher sein. Die seltsamen langbeinigen *Mecopus torquis*-Rüsselkäfer verhalten sich ähnlich, doch hier bewegt sich das im Vergleich riesige Männchen hinter dem Weibchen her und lässt es zwischen seinen langen Beinen laufen.

ganz oben Ein *Calais*-Schnellkäfer auf einem umgestürzten Baumstamm.

oben *Charaxes candiope*, ein Fleckenfalter, trinkt gegorenen Saft aus der Baumrinde. Kenia.

rechts oben Der große Rüsselkäfer *Sipalinus squalidus* sieht wie ein knorriges Stückchen Baumrinde aus.

rechts unten Ein Bockkäfer-Männchen der Art *Sternotomis variabilis* bewacht ›sein‹ Weibchen, das kurz vor der Eiablage steht.

oben Das riesige Männchen des Rüsselkäfers *Mecopus torquis* sperrt das kleine Weibchen zwischen seinen langen Beinen und dem hervorstehenden Rüssel regelrecht ein, um andere Männchen von ihm fernzuhalten.

rechts Derselbe Baum hat auch einen zart aussehenden Fleckenfalter der Art *Charaxes lasti* angelockt.

Wenn die Käferlarven beginnen, sich über das Holz herzumachen, entwickeln sich neue Möglichkeiten auf dem umgestürzten Baumstamm. Aus den Fraßgängen der Käfer kann sich plötzlich ein zäher, harziger Saft ergießen, der winzige Stachellose Bienen anlockt. Sie sammeln den Saft an ihren Hinterbeinen und verwenden ihn zum Nestbau. Beginnt der Saft zu gären, kommen Käfer, Fliegen und Schmetterlinge, die sich manchmal so an ihm betrinken, dass sie kaum noch fliegen können.

WESPENNESTER IM SÜDAMERIKANISCHEN REGENWALD

oben Wespennester gibt es nicht nur in den verschiedensten Formen, sie werden auch auf unterschiedliche Weise gegründet: manche von einer einzigen Königin, die später ihr Gefolge um sich schart, andere durch das Ausschwärmen einer großen Zahl von Individuen, wie im Falle der hier abgebildeten *Polybia occidentalis*. Hier herrscht schon beim Nestbau eine strenge Arbeitsteilung. Einige Arbeiterinnen sammeln Zellstoffmasse, indem sie mit ihren Kiefern feine Holzsplitter abschaben, andere sind Wasserträger, das heißt sie liefern den Sammlerinnen die nötige Flüssigkeit für das Anmischen des Papierbreis. Wieder andere arbeiten als Bauarbeiter und fügen das von den Sammlerinnen bereitgestellte Material geschickt zu einem schnell wachsenden Nest. Das fertige Bauwerk besteht aus einer komplexen inneren Folge von Waben und einer äußeren Schutzhülle.

links Das Nest von *Stelopolybia palipes* sieht aus wie ein umgedrehter Trichter. Es hängt an der Unterseite eines Blattes, das dem Nest als Regenschirm dient.

oben *Apoica pallens* ist ausschließlich nachtaktiv – ziemlich ungewöhnlich für Wespen. Den Tag verbringen die Tiere ordentlich aufgereiht auf ihrem Nest, das ebenso wie die Nester der Feldwespen – siehe Seite 213 – offene Zellen besitzt. Bei einigen *Apoica*-Arten kann das Nest einen Durchmesser von mehr als 60 Zentimetern erreichen.

links Wie die Feldwespen baut auch *Mischocyttarus alfkenii* ein offenes Nest, in dem die Larven von außen sichtbar sind. Am oberen rechten Rand streckt gerade eine den Kopf heraus. In den verschlossenen Zellen befinden sich Puppen. Unten bietet eine Arbeiterin einer Larve die vorgekauten Überreste einer Raupe an. Im Gegenzug würgt die Larve einen Tropfen Speichel für die Imago heraus, die keine feste Nahrung aufnehmen kann.

unten *Charterginus fulvus* baut schöne sternförmige und sehr leichte Papiernester, verborgen unter großen Blättern. In der linken oberen Ecke schlüpft gerade eine Wespe in den einzigen Eingang.

rechts Das ungewöhnliche Nest von *Mischocyttarus vaqueroi* ist ein länglicher Bau, der an einen Zweig erinnert. Er besteht aus einfach aneinander gereihten einzelnen Kammern. Häufig hängen diese Nester unter den Dächern von Regenwaldhütten.

rechts Eine Reihe von Wespenarten, so auch *Polybia occidentalis*, lagert Nektar in ihren Nestern, doch *Brachygastra mellifica* sammelt große Mengen Honig und verhält sich dabei fast wie Bienen.

unten Die Wespe *Sceliphron fistularum* ist kein Staaten bildendes Insekt, sondern baut ein Nest für sich allein. Hier legt das Weibchen eine neue Kammer auf einer gerade fertig gestellten und verschlossenen Zelle an. Flink und geschickt träufelt es den weichen Lehm mit seinen Kiefern auf das Bauwerk. Dabei schwirrt die Wespe unablässig mit den Flügeln, versetzt das geschmeidige Material in Schwingungen und dirigiert es so an die richtige Stelle. Die zylindrischen Zellen werden von hinten nach vorne errichtet, dann mit einer Reihe Spinnen, die die Wespe zuvor durch einen Stich gelähmt hat, gefüllt und anschließend mit Lehm verschlossen.

TARNUNG ALS ›GRÜNES BLATT‹

Anders als in den Laubwäldern der gemäßigten Zonen sind die Blätter der Bäume im Regenwald sehr langlebig, und im Lauf der Jahre wandelt sich ihre Erscheinung. Die anfangs frischen, grünen Blätter werden schließlich alt und kraftlos und sind am Ende mit Schrunden übersät und mit Moos und Flechten bewachsen. Sämtliche Lebensabschnitte eines Blattes werden von Insekten imitiert. Die Kopien sehen oft so echt aus, dass sie nicht nur im Laub, sondern vor jedem beliebigen Hintergrund unerkannt bleiben.

unten Die weit verbreitete südamerikanische Laubheuschrecke *Pycnopalpa cordata* imitiert ein kleineres Blatt im Endstadium, das bereits von Pilzbefall und Flecken, die von Faltern herrühren, gezeichnet ist.

ganz unten Die große Laubheuschrecke *Sasima truncata* aus Neu Guinea ist nicht nur eine überzeugende Blattimitatorin, sondern verfügt außerdem über weitere Verteidigungsstrategien. Das obere Brustsegment ist gepanzert und mit Stacheln bewehrt, und bei Berührung streckt das Tier seine Hinterbeine senkrecht in die Luft. Damit macht es keineswegs leichtsinnig auf sich aufmerksam; die Beine sind leuchtend gelb und rot gefärbt und warnen den Angreifer, dass sein Opfer ungenießbar ist.

links Die große *Paracycloptera*-Laubheuschrecke aus Costa Rica tritt in einer Reihe verschiedener Farbgebungen auf: Jede mimt ein Blatt in einem anderen Verfallsstadium. Hier ist das ›Blatt‹ mit blassen Punkten übersät, die von Insekten herrühren sollen, und an einer Stelle scheint ein ›Insekt‹ sogar ein Loch hineingeknabbert zu haben.

ganz oben und oben Bei den meisten Laubheuschrecken des Regenwalds besitzen Nymphen und Imagines unterschiedliche Verteidigungsstrategien. Die Nymphen sind häufig mit silbrig-blauen Punkten gesprenkelt und sitzen mit nach hinten gestreckten Beinen auf einem Blatt, während ihr Kopf über das Blatt hinausragt. In dieser Position sind sie erstaunlich schwer auszumachen. Möglicherweise imitieren sie mit Wassertropfen übersäte Blätter, die im Regenwald ein so alltäglicher Anblick sind. Die korrekte Zuordnung solch einer Nymphe zur späteren Imago ist häufig schwierig, doch ganz oben handelt es sich offenbar um eine *Debrona*-Art, deren Imago ebenfalls ein Blatt nachahmt und eine ähnliche Haltung einnimmt.

TARNUNG ALS ›WELKES BLATT‹

Auch in Regenwäldern gibt es jede Menge welker Blätter, und dennoch unterscheiden sie sich von sommergrünen Laubwäldern: Während sich dort im Herbst durch den kompletten Laubabwurf ein dichter Teppich aus totem Laub bildet, fallen die Blätter im Regenwald ganzjährig und vereinzelt. Viele erreichen nie den Boden und bleiben auf dem dichten, immergrünen Unterholz liegen, wo auch die meisten Imitatoren welker Blätter leben. Leider haben gestellte Fotografien die Vorstellung verbreitet, diese Insekten würden nicht nur im Laub auf dem Waldboden leben, sondern sich auch noch genau die Art Blätter als Untergrund suchen, die sie kopieren. Im Interesse der Wissenschaft zeigen die Abbildungen in diesem Teil die Tiere in der Umgebung, die sie selbst gewählt haben – und nicht der Fotograf.

links oben Als Abfallvertilger sind Schaben nirgendwo mehr zu Hause als am Regenwaldboden, denn hier finden sie auf ihren nächtlichen Beutezügen Nahrung in Hülle und Fülle. Ihre Hauptfeinde sind Ameisen, vor allem Treiberameisen, die sich von dem Blatt-ähnlichen Aussehen der Schaben nicht täuschen lassen. Die hier gezeigte, in ihrer Form äußerst abgeflachte Schabe, eine *Rhabdoblatta*-Art, stammt aus Kenia.

links unten Die südamerikanische *Colpolopha burmeisteri* gehört zu den wenigen Heuschreckenarten, die am Regenwaldboden leben. Die Nymphen sind besser getarnt als die abgebildete Imago, deren Flügel sie verraten.

ganz oben Dieses ›vertrocknete Blatt‹ ist in Wirklichkeit eine *Chorotypus*-Heuschrecke aus Malaysia. Ihr hauchdünner Körper ist genauso flach wie ein Blatt, das heißt, die inneren Organe müssen eng zusammengedrängt sein. Das Insekt hält sich am liebsten in der unteren Strauchschicht auf – nie im Laub am Waldboden. Die grünen Exemplare derselben Art imitieren lebende Blätter, die grün-braunen gleichen Blättern, die gerade zu welken beginnen.

oben Das flügellose Weibchen der Art *Acanthops falcata*, eine kleine, flugunfähige südamerikanische Fangschrecke, sieht aus wie ein eingerolltes welkes Blatt. Bei akuter Gefahr greift sie auf eine weitere Verteidigungsstrategie zurück: Durch Anheben der Deckflügel zeigt sie die glänzende, schwarzrote Oberseite ihres Hinterleibs – ein Warnsignal. Das Männchen besitzt Flügel und ähnelt einem flacheren, weniger verwelkten Blatt. Keines der Geschlechter lebt am Waldboden, obwohl sie häufig so dargestellt werden.

oben Die zackigen Flügel dieses *Epiplema*-Falters aus Trinidad sehen aus wie abgestorbenes Laub, kurz bevor es ganz zerfällt. Das Tier saß gut sichtbar auf einem Blatt ungefähr einen Meter über dem Waldboden.

links Unter den zahlreichen tropischen Fangschrecken, die Blätter imitieren, ist *Phyllocrania illudens* aus Afrika und Madagaskar eine der glaubwürdigsten. Die Nymphe mimt absolut überzeugend ein vertrocknetes, eingerolltes Blatt. In der Regel hängen Nymphen wie Imagines mit dem Kopf nach unten, wie ein abgestorbenes, aber noch nicht abgefallenes Blatt, und lauern auf Beute. Die hier abgebildete Imago war gerade dabei, sich einen neuen Platz für ihren Hinterhalt zu suchen, und verriet sich so dem Fotografen. In Trockenwäldern ist diese Art entsprechend anders, nämlich blass braun gefärbt, damit sie den von der Sonne vertrockneten Blättern in solchen Regionen gleicht.

links *Nycerix tacita* aus Peru ist einer der wenigen Schwärmer, die einigermaßen überzeugend ein welkes Blatt nachahmen, aber doch nicht gut genug, um auf einem andersfarbigen Untergrund nicht erkannt zu werden. Die Falter verbringen den Tag daher auf abgestorbenen Blättern, auf denen sie weniger auffallen.

unten Manche Nachtfalter tarnen sich raffiniert durch ihre Haltung. Der Spanner *Hyposidra talaca* aus Australien sitzt an einem herabgefallenen Zweig, der senkrecht aus der Erde ragt, und gleicht so einem vereinzelten welken Blatt, das sich beim Fall des Zweiges nicht gelöst hat.

rechts, oben links Welke Blätter rollen sich häufig ein und bleiben, wenn sie herunterfallen, nicht selten an Pflanzenstängeln hängen. Der Nachtfalter *Mimallo amilia* in Trinidad ahmt hier solch ein Blatt nach, indem er sich mit den Flügeln an den Stängel klammert und den schweren Körper herabhängen lässt. In dieser Haltung verharrt er den ganzen Tag, sogar während der sintflutartigen tropischen Regengüsse.

rechts, oben rechts Die meisten Schmetterlinge, die totes Laub imitieren, kümmern sich nicht um einen passenden Hintergrund, sondern können sich dank ihrer überzeugenden Tarnung hinsetzen, wohin sie gerade wollen. Wie dieser *Salamis anteva* aus Madagaskar hängen die meisten Arten mit dem Kopf nach unten, so dass die Spitzen der Hinterflügel wie der Stiel erscheinen, der das Blatt mit dem Zweig verbindet.

rechts unten Diese *Typophyllum*-Laubheuschrecke aus Südamerika tritt in den unterschiedlichsten Formen auf: Sie imitiert sowohl frische grüne als auch gelbliche verwelkende bis hin zu eindeutig toten Blättern wie in diesem Fall. Den Tag verbringen die Tiere hängend an der Unterseite bestimmter Blätter. Nachts, wenn kaum Gefahr besteht, von Feinden, etwa Vögeln, entdeckt zu werden, kommen die Laubheuschrecken aus ihrem Versteck.

links Bei dem gelb-schwarz gestreiften Mimikry-Ring werden, wie bei einigen anderen südamerikanischen und afrikanischen Mimikry-Ringen, auch die Unterseiten der Flügel nachgeahmt. Die Abbildung zeigt das ungenießbare Modell *Tithoria harmonia*, ein Fleckenfalter.

ganz oben Der tagaktive Bärenspinner *Dysschema irene* ist ein Müllersches Mitglied des Mimikry-Rings.

oben Der Weißling *Dismorphia amphione* gehört ebenfalls dem gelb-schwarz gestreiften Mimikry-Ring an und besitzt daher schmalere Flügel als die meisten Mitglieder seiner Familie, der Pieridae.

VORNE ODER HINTEN?

Die meisten Räuber greifen Gliederfüßer an ihrer verwundbarsten Stelle an, dem Kopf. Um die Aufmerksamkeit des Angreifers auf einen weniger empfindlichen und lebenswichtigen Körperteil zu lenken, täuschen viele Tiere einen zweiten Kopf am Hinterende vor. Mit diesem ›falschen Kopf‹ fangen sie die erste Attacke eines Räubers ab und gewinnen auf diese Weise wertvolle Zeit für die Flucht.

unten Wenn die Zahnspinnerraupe der Gattung *Lirimiris* aus Costa Rica gestört wird, zieht sie ihren wirklichen Kopf zur Körperseite und bläht gleichzeitig einen ›falschen Kopf‹ am Hinterende auf. Während der Angreifer seine unangenehme Erfahrung am Hinterende der warnend gefärbten Raupe sammelt, bleibt das empfindliche Vorderende unberührt.

links Die spektakuläre Raupe des *Naprepa*-Zahnspinners aus Costa Rica verfolgt eine ähnliche Strategie wie die *Lirimiris*-Raupe, doch statt zur Seite zieht sie den Kopf unter den Körper, so dass die Aufmerksamkeit des Angreifers ganz auf das Hinterende mit den zwei augenähnlichen Zeichnungen gelenkt wird. Die Raupe trägt ebenfalls Warntracht und hält Räuber mit ihrem ›falschen Kopf‹ hin, um Zeit zu gewinnen.

ganz oben Die Raupe eines Eulenfalters aus Sumatra rollt sich bei Berührung zusammen, versteckt den Kopf unter ihrem Körper und streckt dem Feind ihr Hinterende entgegen, das mit den zwei weißen Punkten auf schwarzem Hintergrund wie ein Kopf mit großen, starrenden Augen aussieht.

oben Im Falle dieser warnend gefärbten Raupen ist es nicht leicht zu sagen, wo vorne und wo hinten ist: Bei den oberen acht Raupen zeigen die Köpfe nach oben, bei den unteren beiden nach unten. Malaysia.

oben Viele Schmetterlinge tragen Augenzeichnungen auf den Flügeln, mit denen sie angreifende Vögel ablenken und Schnabelhiebe auffangen, denn selbst der Verlust großer Flügelteile ist nicht lebensbedrohlich. Beim südamerikanischen *Marpesia crethon* und seinen Verwandten besteht das ›falsche Gesicht‹ aus zwei rötlichen Flecken auf der Oberseite der Hinterflügel, die wie zwei Augen aussehen.

links Die Augenzeichnungen mit den weißen ›Pupillen‹ wirken zusammen mit den orangefarbenen Flecken auf den Hinterflügeln von *Hypocysta metirius* wie ein kleines Gesicht.

unten Unter den ausgewachsenen Schmetterlingen sind vor allem viele Bläulinge und Riodiniden für ihre ›falschen Gesichter‹ bekannt. Zwei oder mehr dünne Schweife an den Hinterflügeln erinnern an Fühler, und die darunter liegenden runden Flecken sehen aus wie Augen mit schwarzen Pupillen. Um noch überzeugender zu wirken, bewegen die Schmetterlinge ihre Flügel beständig auf und ab, so dass die Schweife wie echte Fühler zittern. Dieser Meister der Täuschung ist *Charis chrysus*, ein Riodinide aus Trinidad.

oben Was aussieht wie ein freches kleines Grillengesicht, das aus einem gerollten Blatt lugt, ist in Wirklichkeit das Hinterende der südamerikanischen Radnetzspinne *Alpaida truncata*. Wenn ein Vogel nach dem Hinterteil der Spinne pickt, rennt sie überraschend in die entgegengesetzte Richtung davon und lässt den verdutzten Angreifer mit leerem Schnabel zurück.

links So erfolgreich das Verwirrspiel mit den ›falschen Gesichtern‹ auch oft sein mag, bei Räubern, die ihre Angriffe nicht auf den Kopf richten, bleibt es wirkungslos. Hier hat eine peruanische Springspinne einen Bläuling erbeutet, ohne sich von dem ›Gesicht‹ auf seinen Hinterflügeln irritieren zu lassen.

oben Der Falter *Crocozona coecias* gehört zur Familie der Riodiniden.

links Ein Fleckenfalter der Art *Callicore hystaspes* saugt Wasser aus dem feuchten Boden auf.

unten Der tagaktive Bärenspinner *Darna colorata* trägt Warntracht.

6 LEBEN IN DER WELT DES MENSCHEN

Kein Mensch kommt um diverse Begegnungen mit Insekten, Spinnen und anderen Gliederfüßern herum. In einer ersten und sehr simplen Kategorisierung unterscheiden wir zwischen ›Freunden‹, ›Feinden‹ und der großen Mehrheit, die weder das eine noch das andere ist. Manchmal wird der Freund des einen auch zum Feind eines anderen. Eine Biene zum Beispiel ist wunderbar, wenn sie Honig produziert, aber wer von ihr gestochen wird, denkt anders. Einige der vielfältigen Beziehungen zwischen uns Menschen und den unzähligen Gliederfüßern, die die Welt mit uns teilen, sollen in diesem letzten Kapitel vorgestellt werden.

Insekten als Nahrungsmittel

Mit einem Teller Scampi oder einem Krabbencocktail wird der Großteil der Leser vermutlich keine Probleme haben, obwohl diese Krebstiere nichts anderes sind als im Meer lebende Gliederfüßer. Die Vorstellung von gerösteten Heuschrecken dagegen löst in unseren Breiten eher Ekelgefühle aus. In manchen Regionen der Erde stellen Insekten jedoch eine wichtige und willkommene Bereicherung des Speiseplans dar.

links Bevor die Nsenene-Heuschrecken (*Ruspolia differens*) in Öl geröstet werden, werden Flügel und Beine entfernt. Uganda.

rechts Marienkäfer, wie diese *Coccinella transverstoguttata* aus den USA, sind wichtige Vertilger schädlicher Blattläuse.

Für die australischen Ureinwohner sind beispielsweise Witchetty Grubs, große Larven eines Nachtfalters, eine wahre Delikatesse. Gleiches gilt in Afrika für den Mopaani Wurm, ebenfalls eine Nachtfalterraupe. Während man die Witchetty Grubs meist roh isst, wird der Mopaani-Wurm erst ausgenommen und dann gebacken. Hunderte Tonnen dieser Raupen werden in einem Jahr verzehrt. Auch die Larven des Palmenbohrers, ein Rüsselkäfer, sind eine beliebte Speise. Da sie jedoch in Palmenplantagen große Schäden anrichten, haben sie nicht nur Freunde. Beliebt ist auch die Heuschrecke *Ruspolia differens*, von den Einheimischen ›Nsenene‹ genannt.

In Anbetracht des globalen Bevölkerungswachstums und der immer größeren Flächen, die zur Nahrungsmittelproduktion benötigt werden, könnte eine weitreichendere Nutzung von Insekten als Nahrungsquelle in Zukunft eine sinnvolle Alternative darstellen. Der Anteil an bestimmten Aminosäuren ist zwar etwas geringer als etwa bei Rindfleisch, doch dafür wäre die Zucht von Gliederfüßern weit ökonomischer. Berechnungen zufolge können auf einem Hektar Land nur 100 Kilogramm Rindfleisch, aber das Zehnfache an Insekten ›produziert‹ werden. Ob eines Tages unsere Lebensmittel aus Insektenfarmen kommen, bleibt abzuwarten; bis wir die Tiere als Nahrung akzeptieren, dürfte jedenfalls noch einiges an Überzeugungsarbeit nötig sein.

oben Ein Teller mit knusprig gebratenen, saftigen Nsenene-Heuschrecken in Uganda.

unten Auf einem thailändischen Markt werden Riesenwanzen und Maden angeboten.

ganz unten In Teig gebackene Riesenwanzen. Thailand.

rechts Dank der Bestäubung durch die Blattschneiderbiene *Megachile willughbiella* wird der Brombeerstrauch im Spätsommer reichlich Früchte tragen. England.

oben Spinnen helfen bei der Schädlingsbekämpfung. Hier überziehen zahllose Netze von Baldachinspinnen ein Feld in England.

links Ein Nashornkäfer-Kampf in den Zuckerrohrfeldern Thailands.

rechts In solchen Waben lagern Honigbienen den Honig und ziehen ihre Nachkommen auf.

Nützliche Gliederfüßer

Bei dem Stichwort ›nützliche Insekten‹ fallen einem wahrscheinlich als erstes die Honigbienen ein, die den Menschen seit Jahrhunderten mit Wachs und Honig, einst die einzige Süßstoffquelle, versorgen. Außerdem bestäuben sie und andere Bienenarten viele Obst- und Gemüsesorten und sorgen damit auf den Feldern für ausreichende Ernten. Marienkäfer und ihre Larven werden gezielt zur Bekämpfung von Blattläusen eingesetzt, die erhebliche Schäden an Nutzpflanzen anrichten können. Netzspinnen jagen zahlreiche Schädlinge, obwohl ihnen natürlich auch einige der nützlichen Insekten in die Falle gehen. Zu den direkten Nutzinsekten gehören weiterhin die Raupen des Seidenspinners sowie zwei Schildlausarten, die als Pflanzensauger eigentlich Schädlinge sind. Die Lackschildlaus produziert Schellack, und die Laus *Dactylopius coccus* liefert den roten Farbstoff Karmin. Mittlerweile jedoch wurden diese Produkte weitgehend durch künstliche Materialien ersetzt.

Eine verhältnismäßig neue Verwendung finden einige Insekten in der so genannten biologischen Schädlingsbekämpfung: Unter Normalbedingungen werden Insektenpopulationen nicht nur durch Wirbeltiere wie Vögel reguliert, sondern auch und hauptsächlich durch andere Gliederfüßer wie Spinnen und räuberische Insekten. Wenn die natürlichen Feinde nicht mehr in der Lage sind, die Zahl der Schädlinge in einem bestimmten Gebiet einzudämmen, können sie gezielt durch gezüchtete Räuber unterstützt werden. Zur Bekämpfung der schädlichen Schildläuse kann man zum Beispiel heute Kulturen einer kleinen parasitischen Wespe oder einer Marienkäfer-Art kaufen und im infizierten Gewächshaus oder Acker aussetzen. Beide Insekten reduzieren die Schädlinge schnell und effektiv, vernichten sie jedoch nie vollständig.

In Australien konnte durch die Einführung bestimmter Käferarten die komplette Schaf- und Rinderwirtschaft gerettet werden: Normalerweise wird der Dung unserer Weidetiere recht schnell von verschiedenen Fliegen- und Käferarten zersetzt, deren Larven sich davon ernähren. In Australien gab es derartige Insekten jedoch nicht, so dass das Weideland drohte, durch den Dung der eingeführten Herden verseucht zu werden. Die Lösung bestand in der Aussetzung afrikanischer Kotkäfer, die das Problem schnell unter Kontrolle brachten und ihre Aufgabe bis heute zuverlässig erfüllen.

GERN GESEHENE GARTENBESUCHER

Ein Garten voller bunter Blumen, den Schmetterlinge und andere reizvolle Insekten wie Schwebfliegen aufsuchen, bereitet vielen Menschen eine große Freude. Inzwischen pflanzt man sogar bestimmte Pflanzenarten, um gezielt Insekten anzulocken. Zu den häufigsten zählen vielleicht die verschiedenen Sommerfliederarten, die vor allem von Insekten mit langen Zungen wie Schmetterlingen und Hummeln besucht werden. Die kleineren Bienen und Schwebfliegen lassen sich besonders gut mit Korbblütern wie Dahlien, Zinnien oder Ringelblumen in den Garten locken.

rechts Ein Schwärmer der Art *Hemaris diffinis* trinkt an den Blüten des Sommerflieders. USA.

unten Schwebfliegen wie *Eristalis transversa* sind eifrige Besucher von Gartenblumen. USA.

oben Die Hummel *Bombus pennsylvanicus* sucht auf einer Zinnienblüte in einem Garten nach Nahrung. USA.

rechts oben Ein Admiral (*Vanessa atalanta*) auf einer Fettkrautblüte. Deutschland.

rechts unten Ein Distelfalter (*Vanessa cardui*) auf Sommerflieder. England.

Blutsauger

Die Eigenart, sich von dem Blut anderer Lebewesen zu ernähren, macht viele Gliederfüßer zu äußerst unangenehmen Zeitgenossen. Die Plagegeister stechen nicht nur den Menschen, sondern auch seine Haustiere, und manche sind sogar gefährliche Krankheitsüberträger. Die größten Übeltäter gehören zur Gruppe der Fliegen und Mücken. Fast alle weiblichen Stechmücken ernähren sich von Blut und können dabei Krankheiten wie Malaria oder Gelbfieber übertragen. Bremsen, wie die Blind-, Pferde- und Rinderbremsen, übertragen zwar in nur seltenen Fällen Krankheiten, aber dafür kann ihr Stich äußerst schmerzhaft sein. Tsetsefliegen vereinen beide Übel: Sie fügen Menschen, Haus- und Wildtieren schmerzhafte Stiche zu und infizieren ihre Opfer oftmals mit der tödlichen Schlafkrankheit.

Die Wanzen bilden die zweite wichtige Blutsaugergruppe. Ihr bekanntestes Mitglied ist wahrscheinlich die Bettwanze (*Cimex lectularius*), obwohl sie durch eine verbesserte Hygiene heute in vielen Regionen der Erde kaum noch ein Problem darstellt. Die eng mit der Bettwanze verwandten Blumenwanzen ernähren sich in der Regel von kleinen Insekten, stechen aber auch Menschen, wenn sich die Gelegenheit bietet. Die Stiche können recht schmerzhaft sein und starke Schwellungen auslösen. Solche Angriffe auf Menschen sind vermutlich Fehlleistungen, doch wer weiß, vielleicht entwickeln sich die Blumenwanzen ja gerade zu ›hauptberuflichen‹ Blutsaugern.

unten Zwar stechen nur die Weibchen der Pferde- und Rinderbremsen, doch das bedrohliche Äußere scheint in der Familie zu liegen, wie dieses *Tabanus atratus*-Männchen zeigt. USA.

rechts oben Blindbremsen wie *Chrysops fulvaster* sind kleiner als Pferde- und Rinderbremsen und besitzen hübsch gezeichnete Flügel. Nichtsdestotrotz stechen sie sehr empfindlich. USA.

rechts unten Eine Bettwanze (*Cimex lectularius*) saugt in der Nacht Blut aus einem Finger.

Schädlinge

Außer den Blutsaugern gibt es noch zahlreiche andere Gliederfüßer, die durch ihre spezifische Lebens- oder Ernährungsweise dem Menschen Schaden zufügen. Der Großteil der Plagegeister sind Insekten. Besonders deutlich werden die Schäden, wenn sie mit ihrem Fraß Felder verwüsten, Wälder schädigen oder – weniger dramatisch – unsere geliebten Gartenblumen zerstören. Jeder kennt die Berichte von Heuschreckenschwärmen, die in Afrika ganze Ernten vernichten, doch auch in anderen Erdteilen treiben die verschiedenen Wanderheuschrecken-Arten ihr Unwesen.

Blattläuse richten auf zweifache Weise Schaden an. Sie schwächen die Pflanzen, indem sie deren Saft aussaugen, und übertragen gleichzeitig Virusinfektionen von Pflanze zu Pflanze. Zu den wichtigsten Waldschädlingen zählen verschiedene Nachtfalterarten, deren Blätter fressende Raupen manchmal so radikal zu Werke gehen, dass die Bäume im Wachstum gestört werden. Bei alledem sollte man jedoch nie vergessen, dass wir viele Insekten erst zu Schädlingen gemacht haben, indem wir großflächige Monokulturen just ihrer bevorzugten Futterpflanzen anbauen.

oben Die Wanderheuschrecke *Locusta migratoria* bei der Paarung. Ihre riesigen Schwärme sind eine der Geißeln der Menschheit.

unten Einige Schabenarten sind weltweit verbreitete Schädlinge. Dieses Foto zeigt Südliche Großschaben (*Periplaneta australasiae*), die nachts in einem Wohnhaus über einen Kuchen herfallen. Costa Rica.

rechts Hier hat jemand seine geliebte Rose an Blattläuse verloren. Deutschland.

Doch Schädlinge begnügen sich nicht damit, unsere Felder abzuernten und unser Vieh zu infizieren: Zahlreiche Käfer- und Falterarten ernähren sich vom Getreide aus den Silos, von Getreideprodukten oder sogar von gelagertem Fleisch. Zusammen mit den Termiten fallen sie über das Holz unserer Häuser her, sie dringen in unsere Wohnungen ein und fressen Kleidung, Teppiche und Polster. Auch Schaben sind in vielen Regionen der Erde eine Plage, und nichts Essbares ist vor ihnen sicher.

ganz oben Kartoffelkäfer (*Leptinotarsa decimlineata*) können ernsthafte Schäden anrichten.

oben Die Lederwanze *Leptocoris trivittatus* ist ein Waldschädling. Vermehrt sie sich zu sehr, kann sie einen verfrühten Abwurf der Blätter auslösen.

rechts Feuerwanzen der Gattung *Dysdercus* sind in Amerika als Baumwollschädlinge bekannt. Hier saugen sie in Kenia an einer Kassave, einem in Afrika wichtigen Lebensmittel.

ganz oben Der Japankäfer (*Popilla japonica*) gelangte versehentlich nach Amerika. Er ernährt sich von Wurzeln und ist heute ein Großschädling in den USA.

oben Die Larven des Wollkrautblütenkäfers (*Anthrenus verbasci*) beschädigen in Häusern Teppiche und andere Wollstoffe. England.

ganz oben Der Blattkäfer *Diabrotica undecimpunctata* ist ein Schädling, der sich an Kürbisgewächsen gütlich tut. USA.

oben Die Große Stubenfliege (*Musca domestica*) überträgt diverse Krankheiten. Deutschland.

rechts Die Raupen des Mondvogels (*Phalera bucephala*), die die Blätter verschiedener Bäume fressen, können eine wahre Geißel sein. England.

nächste Seiten Pelzmotten (*Tinea pellionella*) haben einen Wollpullover ruiniert. Deutschland.

ARACHNOPHOBIE

Arachnophobie ist die übersteigerte Angst vor Spinnen, unter der viele Menschen beiderlei Geschlechts leiden; übrigens ein Umstand, von dem die Filmindustrie – zuletzt mit »Arachnophobia« – schon lange profitiert. Diese Spinnenphobie ist rational nicht zu erklären, denn keine Spinne kann es mit uns in Größe oder Kraft aufnehmen, und nur sehr wenige können uns überhaupt in irgend einer Form verletzen. Die übliche Begründung, dass Spinnen behaart sind und schnell krabbeln, ist nicht so ganz überzeugend, denn wieso haben dann die wenigsten Leute mit pelzigen Kätzchen oder flitzenden Eidechsen Probleme?

In letzter Zeit scheinen jedoch einige von uns ihre Spinnenangst zu überwinden. Immer mehr Menschen halten sich die Achtbeiner als Haustiere, und zwar keine kleinen harmlosen Exemplare, sondern große, haarige Vogelspinnen. Spinnen von solcher Größe können ziemlich empfindlich beißen, doch sie tun dies nur selten, und das Gift der als Haustiere gehaltenen Arten ist nicht gefährlicher als das einer Wespe. Einige der besonders begehrten Spinnen sind durch den Fang frei lebender Exemplare bereits bedrohlich dezimiert worden, doch glücklicherweise lassen sich heute die meisten Arten recht erfolgreich züchten, und die wilden Populationen können sich wieder erholen.

oben Foto eines verhassten, aber völlig harmlosen Hausgenossen, einer Winkelspinne (*Tegenaria spec.*).

unten Die Vogelspinne *Brachypelma smithi* ist neuerdings ein sehr beliebtes Haustier. Dieses Exemplar wurde in Gefangenschaft gezüchtet.

rechts oben Die Vogelspinne *Lasiodora parahybana* wird für Sammler gezüchtet.

rechts unten Der Kaiserskorpion (*Pandinus imperator*) steht bei Sammlern hoch im Kurs.

Giftige Gliederfüßer

Kein Gliederfüßer unternimmt gezielte Giftangriffe auf Menschen, denn dank unserer Größe sind wir als Beute völlig ungeeignet. Angriffe auf Menschen sind stets Unfälle oder Verteidigungsreaktionen auf eine empfundene Bedrohung. Die bekanntesten Tiere dieser Gruppe sind die giftigen Arachniden. Die meisten Vergiftungsunfälle gehen auf das Konto der berüchtigten Schwarzen Witwe und ihrer engen Verwandten, die auf allen Kontinenten anzutreffen sind. Die Schwarze Witwe (*Latrodectus mactans*) selbst ist in den USA weit verbreitet. In manchen Regionen sitzen an der Unterseite nahezu jeder Klimaanlage und in den Treppenhäusern der meisten Motels oft gleich mehrere Exemplare in ihren Netzen. Berührungen mit Menschen sind fast unausweichlich, und wenn sich die Spinne bedroht fühlt, beißt sie zu. Ihr Gift besitzt eine zehnmal höhere toxische Wirkung als das Gift von Klapperschlangen, doch zum Glück sind Schwarze Witwen klein und geben nur winzige Dosen ab. Das Gift greift das Nervensystem an und führt zu Atemnot und Muskelkrämpfen, wirkt jedoch nur selten tödlich. Gefährdet sind am ehesten Kleinkinder oder herzkranke Erwachsene. Mehr Todesfälle werden durch australische *Atrax*-Arten oder die südamerikanische Kammspinne (*Phoneutria spec.)* verursacht, denn sie sind größer und geben höhere Dosen ihres Giftes ab. Besonders die Bisse der *Phoneutria*-Arten enden oft tödlich, und wieder sind kleine Kinder die häufigsten Opfer. Dies liegt zum Teil daran, dass in den weniger entwickelten südamerikanischen Ländern im Gegensatz zu Australien das entsprechende Gegengift nur selten verfügbar ist.

Auch einige Arten der Familie *Loxoscelidae* sind giftig, doch die Wirkungsweise des Giftes ist eine andere. Das Gift dieser kleinen Spinnen verursacht an der Bissstelle ein Absterben des Gewebes, und ohne Behandlung kann sich die Verletzung zu großflächigen Geschwüren ausweiten, die Monate brauchen, um abzuheilen.

Skorpione verursachen ebenfalls nur vereinzelt Todesfälle (meist in Mittelamerika), doch ihr Stich kann extrem schmerzhaft sein. Es besteht kein Zusammenhang zwischen der Größe des Stachels und der Wirksamkeit des Giftes, und die giftigsten Skorpione finden sich bei den kleineren Arten. Weit gefährlicher sind die Riesentausendfüßer Asiens mit bis zu 30 Zentimetern Länge. Ihr äußerst schmerzhafter Biss ist zwar für Erwachsene nur selten tödlich, doch kleine Kinder können daran sterben.

links Die Stabschrecke *Anisomorpha buprestoides* sprüht eine Reizflüssigkeit in die Augen ihres Angreifers. USA.

rechts Ameisenwespen stechen äußerst empfindlich. Dies ist *Dasymutilla occidentalis*, in den USA als ›cow-killer‹ bekannt.

Glossar

Abdomen – der hintere Abschnitt des Rumpfes bei Gliederfüßern. Im Hinterleib sitzen innere Organe wie das Herz, die Verdauungs- und Fortpflanzungsorgane.

Batessche Mimikry – die Verteidigungsstrategie eines genießbaren Insekts, im Aussehen einem schlecht schmeckenden oder giftigen Gliederfüßer zu gleichen. Der Nachahmer täuscht auf diese Weise Ungenießbarkeit vor und ist damit wie sein ›Modell‹ besser vor visuell orientierten Jägern, etwa Vögeln, geschützt.

Cephalothorax – der aus Kopf und Brustabschnitt bestehende Teil des Spinnenkörpers. Im Gegensatz zu den in drei Körperabschnitte gegliederten Insekten, sind bei den Spinnen Kopf und Brustabschnitt miteinander verschmolzen.

Cheliceren – das vorderste Gliedmaßenpaar bei Spinnen und anderen Arachniden, das zu zangenartigen Beißwerkzeugen ausgebildet ist.

Elytren – die harten Vorderflügel der Käfer. Unter diesen schützenden Flügeldecken liegen die zarten, empfindlichen Hinterflügel, die eigentlichen Flugorgane.

Facettenaugen – die zusammengesetzten Hauptaugen der Insekten. Jedes Facettenauge besteht aus hunderten oder sogar tausenden winziger Einzelaugen, wovon jedes mit einer eigenen Linse ausgestattet ist.

Flagellum – der lange, schwanzartige Anhang am Hinterleibsende der Geißelskorpione.

Halteren – die Schwingkölbchen der Fliegen. Diese kleinen, knüppelförmigen Organe haben sich aus den Hinterflügeln entwickelt und sorgen für das Gleichgewicht im Flug.

Häutung – das Abstreifen der alten Körperhülle. Da Gliederfüßer keine dehnbare Haut, sondern einen harten Hautpanzer besitzen, müssen sie diesen im Laufe ihres Wachstums von Zeit zu Zeit erneuern.

Imago – das ausgewachsene und mit Flügeln ausgestattete Insekt.

Kiefer – beißende und kauende Mundteile der Gliederfüßer.

Larve – eine Entwicklungsstufe der Insekten. Bei Schmetterlingen werden die Larven für gewöhnlich als Raupen bezeichnet.

Larvenstadium – die Phase zwischen zwei Häutungen in der Entwicklung des Gliederfüßers nach dem Schlüpfen aus dem Ei.

Legeapparat, Legebohrer, Legestachel – röhrenförmiges Organ von sehr unterschiedlicher Länge und Dicke, mit dem das Gliederfüßer-Weibchen seine Eier legt.

Mandibeln – die festen, beißenden Oberkiefer bei Gliederfüßern.

Maxillen – die kleineren und beweglicheren Unterkiefer. Diese schneidenden Werkzeuge liegen hinter den Mandibeln und sind in der Regel nicht sichtbar.

Mimikry – die Nachahmung anderer Tierarten (so genannte Modelle) in Körperform und Färbung. Wissenschaftler unterscheiden zwischen der –> Batesschen Mimikry und der –> Müllerschen Mimikry.

Müllersche Mimikry – die Schutzstrategie mehrerer ungenießbarer oder giftiger Insektenarten, ein ähnliches Warnmuster zu tragen. Von einer einheitlichen Warntracht profitieren alle Mitglieder eines so genannten Mimikry-Rings, da sich Fressfeinde so nur eines statt vieler verschiedener Muster einprägen müssen. In den meisten Mimikry-Ringen sind sowohl Müllersche als auch Batessche Nachahmer vertreten.

Nymphe – bei manchen Insekten (zum Beispiel Läusen) eine andere Bezeichnung für das letzte Larvenstadium.

Ocellen – einfache Punktaugen, die zwar keine komplexen Umrisse abbilden, aber Unterschiede zwischen hell und dunkel wahrnehmen.

Palpen, Pedipalpen – mehrgliedrige Taster an der Vorderseite des Kopfes, die mit den Mundwerkzeugen zusammenhängen und Nahrung auf Essbarkeit prüfen.

Pheromone – chemische Sexuallockstoffe. Häufig, jedoch nicht immer, übertragen sich die Pheromone zwischen den Geschlechtern über Luftströme.

Puppe – die Ruhephase bei manchen Insekten, während der sich die Larve zur Imago verwandelt.

Raupe – die Larve von Schmetterlingen. Nach mehreren Häutungen verwandelt sich die Raupe in eine Puppe.

Spermatophore – ein kleines Samenpaket, das einige Gliederfüßer-Männchen zur Fortpflanzung abgeben.

Stabilimente – dichte Stränge aus Spinnfäden, die manche Spinnen kreuz- oder spiralförmig in ihr Netz bauen. Die auffälligen Stabilimente reflektieren ultraviolettes Licht.

Thorax – der Brustabschnitt des Insektenkörpers, der die Laufbeinpaare und die Flügel trägt.

Warntracht – auffällige Färbung von giftigen oder schlecht schmeckenden Gliederfüßern, die damit ihre Ungenießbarkeit anzeigen. Siehe auch Batessche Mimikry.

Register

Kursiv gesetzte Seitenzahlen verweisen auf Abbildungen